ISW Forschung und Praxis

Berichte aus dem Institut für Steuerungstechnik
der Werkzeugmaschinen und Fertigungseinrichtungen
der Universität Stuttgart

Herausgeber: Prof. Dr.-Ing. Dr. h.c. G. Pritschow

Band 105

Gerd Junghans

Modulares grafikunterstütztes Simulationssystem für Bearbeitungs- und Handhabungsvorgänge

Springer-Verlag
Berlin Heidelberg GmbH

D 94

ISBN 978-3-540-58592-3   ISBN 978-3-662-08813-5 (eBook)
DOI 10.1007/978-3-662-08813-5

Gesamtherstellung: Druckerei Kuhnle, Esslingen
SPIN: 10487937   62/3020-543210

Geleitwort des Herausgebers

In der Reihe „ ISW Forschung und Praxis" wird fortlaufend über Forschungs-
ergebnisse des Instituts für Steuerungstechnik der Werkzeugmaschinen und
Fertigungseinrichtungen der Universität Stuttgart (ISW) berichtet, das sich in
vielfältiger Form mit der Weiterentwicklung des Systems Werkzeugmaschine
und anderer Fertigungseinrichtungen beschäftigt. Die Arbeiten dieses Instituts
konzentrieren sich im besonderen auf die Bereiche Numerische Steuerungen,
Prozeßrechnereinsatz in der Fertigung, Industrierobotertechnik sowie Meß-,
Regel- und Antriebssysteme, also auf die aktuellsten Bereiche der Fertigungstechnik. Dabei stehen Grundlagenforschung und anwenderorientierte
Entwicklung in einem stetigen Austausch, wodurch ein ständiger Technologie-
transfer zur Praxis sichergestellt wird.

Die Buchreihe erscheint in zwangloser Folge und stützt sich auf Berichte über
abgeschlossene Forschungsarbeiten und Dissertationen. Sie soll dem Inge-
nieur bei der Weiterbildung dienen und ihm Hilfestellungen zur Lösung spezifi-
scher Probleme geben. Für den Studierenden bietet sie eine Möglichkeit zur
Wissensvertiefung. Sie bleibt damit unter erweitertem Namen und neuer Her-
ausgeberschaft unverändert in der bewährten Konzeption, die ihr der Gründer
des ISW, der leider allzu früh verstorbene Prof. Dr.-Ing. G. Stute, im Jahre 1972
gegeben hat.

Der Herausgeber dankt der Druckerei für die drucktechnische Betreuung und
dem Springer-Verlag für Aufnahme der Reihe in sein Lieferprogramm.

G. Pritschow

Vorwort

Die vorliegende Arbeit entstand während meiner Tätigkeit als wissenschaftlicher Mitarbeiter am Institut für Steuerungstechnik der Werkzeugmaschinen und Fertigungseinrichtungen (ISW) der Universität Stuttgart.

Herrn Prof. Dr.-Ing. Dr. h.c. G. Pritschow danke ich sehr herzlich für seine wohlwollende Unterstützung, seine Anregungen, die zum Gelingen der Arbeit wesentlich beigetragen haben, sowie für die Übernahme des Hauptberichts.

Herrn Prof. Dr.-Ing. Dr.-Ing. E.h. M. Weck danke ich für seine Bereitschaft, den Mitbericht zu übernehmen.

Allen Mitarbeitern des Instituts danke ich für die kollegiale, offene und konstruktive Atmosphäre der Zusammenarbeit. Mein Dank gilt insbesondere Herrn Dr.-Ing. G. Krebser und Herrn Dipl.-Ing. M. Steffen, die mich durch kritische Hinweise und Diskussionen in vielfältiger Weise unterstützt haben.

Gerd Junghans

Inhaltsverzeichnis

Abkürzungen und Begriffe

2D	zweidimensional
3D	dreidimensional
AV	Arbeitsvorbereitung
B	Back
BDV	Bedienungsdatenverarbeitung
BREP	Boundary Representation
BSP	Binary Space Partitioning
CAD	Computer Aided Design
CPU	Central Processing Unit
CSG	Constructive Solid Geometry
F	Front
FE	Funktionseinheit
FIFO	First In First Out
FM	Funktionsmodul
GEO	Geometriedatenverarbeitung der NC
GKS	Grafisches Kern-System
MKS	Maschinenkoordinatensystem
NC	Numerical Control
On-line	hier: während der Fertigung
Off-line	hier: nicht während der Fertigung
PHIGS	Programmer's Hierarchical Interactive Graphics System
Pixel	Picture Element
PLC	Programmable Logic Control
QPDM	Quad Pixel Dataflow Manager, Am95C60 Grafikprozessor der Firma AMD
RDL	Robot Description Language
RIM	Rechnerinternes Modell
RKS	Raumkoordinatensystem
SDA	Steuerdatenaufbereitung
SIM	Simulationssystem
SIMBDA	Bedienungsdatenaufbereitung des Simulationssystems
SIMK	Simulationssystemkern
SIMSDA	Steuerdatenaufbereitung des Simulationssystems
TECHNO	Technologiedatenverarbeitung
VDA-FS	Flächenschnittstelle des Verbands der Automobilindustrie

VGA	Video Graphics Array
VIS	Funktionseinheit Visualisierung
VOL	Funktionseinheit Volumenspurerzeugung
WKS	Werkstückkoordinatensystem
WOP	Werkstattorientierte Programmierung
X-Window	standardisiertes grafisches Fenstersystem, ursprünglich vom Massachusetts Institute of Technology

Symbole und Bezeichnungen

a	Vergrößerungsfaktor
b	Blickrichtungsvektor
C_i	Bewegungsachse einer Werkzeugmaschine nach DIN 66217
F_i	gerichtete Einzelfläche eines Polyedermodells
i	Zählvariable
K_i	gerichtete Einzelkante eines Polygonsetmodells
l_i	Linien
N	Normalenvektor einer Ebene
p_i	Positionen eines Körpers
P_i	Raumpunkte
Q	Orientierungsvektor
S_i	Datenschnittstellen der NC
t	Zeit
TK_i	Teilkörper
U_i, V_i	Bewegungsachsen einer Werkzeugmaschine nach DIN 66217
v	Verschiebungsvektor
w	Rotationswinkel
x, y, z	Koordinaten eines kartesischen Koordinatensystems
X_i, Y_i, Z_i	Bewegungsachsen einer Werkzeugmaschine nach DIN 66217

1   Einleitung

Eine zunehmende Anzahl von Produktionsvarianten, höhere Qualitätsstandards und kürzere Arbeitszeiten führen zu einer Straffung der Fertigungsstruktur. Durch die Integration mehrerer Bearbeitungstechniken in eine Maschine lassen sich Zeit und Kosten sparen. So werden beispielsweise Drehmaschinen immer häufiger mit zusätzlichen Komponenten ausgerüstet, um Fräs-, Vor- und Rückseitenbearbeitung zu ermöglichen. Dies erlaubt die Fertigung einer größeren Teilevielfalt und reduziert die Stückzeiten, da eine Weiterbearbeitung oft entfallen kann. Um die Nebenzeiten zu verkürzen, kommen außerdem verstärkt Werkstück- bzw. Werkzeughandhabungssysteme zum Einsatz /1/.

Der erreichbare Produktivitätszuwachs hängt stark von der Qualität und rechtzeitigen Verfügbarkeit geeigneter NC-Programme ab. Mit steigender Komplexität der Maschinen erhöht sich der Aufwand für deren Erstellung. Gleichzeitig steigt die Wahrscheinlichkeit von Fehlern. Die Verwendung von Programmiersystemen erleichtert zwar die NC-Programmerstellung, schließt Fehler aber nicht aus. Manuelle Änderungen durch den Maschinenbediener stellen ebenfalls eine Fehlerquelle dar.

Um geometrische und technologische Fehler möglichst frühzeitig erkennen zu können, wurden eine ganze Reihe von Simulationssystemen entwickelt. Sie kommen bei der werkstattorientierten Programmierung direkt an der Maschine ebenso zum Einsatz, wie bei der NC-Programmerstellung in der Arbeitsvorbereitung /2/. Insbesondere bei Kleinserienfertigung, Komplett- oder Mehrschlittenbearbeitung hat die Simulation große Bedeutung erlangt, da sich die Einfahrzeiten durch sie erheblich reduzieren lassen.

Von besonderer Wichtigkeit für Simulationssysteme ist die Einbindung in den Informationsfluß. Während konventionelle NC-Programme nach DIN 66025 /3/ nur Verfahrinformationen und technologische Daten enthalten, sind für eine umfassende grafische Simulation darüber hinaus geometrische Informationen über Roh- und Fertigteil, Spannmittel, Werkzeuge, Arbeitsraum, Handhabungsgeräte und übrige Maschinenelemente notwendig. In zunehmendem Maße werden Systeme für die grafische Werkstattprogrammierung angeboten, bei denen geometrische Informationen, die durch Konturzugprogrammierung eingegeben werden, als Grundlage für die NC-Programmerstellung dienen. Auch die rechnergestützte Konstruktion unter Zuhilfenahme von CAD-Systemen führt dazu, daß geometrische Informationen über das Werkstück und oft auch über Spannvorrichtungen in einer maschinenlesbaren Form vorliegen. Da die durch Verwendung eines Simulationssystems erzielbaren Zeitvorteile schwinden, wenn

Geometriedaten speziell für die Simulation neu eingegeben werden müssen, hängt die Akzeptanz eines Simulationssystems wesentlich auch von der Fähigkeit ab, diese Daten übernehmen zu können.

Je nach Komplexität der zu simulierenden Aufgabe basieren Simulationssysteme auf einem zwei- oder dreidimensionalen rechnerinternen Modell der Geometrien. Geeignete und effiziente Verfahren für die Geometriemodellierung unter Beachtung der simulationsspezifischen Randbedingungen sind für beide Fälle verfügbar /4/. Es sind jedoch keine Simulationssysteme bekannt, die eine durchgängige Lösung für 2D- und 3D-Modellierung und -Visualisierung bieten.

Ausgeführte Simulationssysteme sind heute Insellösungen, da sie stark von Fertigungstechnologie, Rechnersystem und Maschinenkinematik abhängig sind. Dies erschwert die Entwicklung von Funktionsmodulen, die in einer Produktfamilie von Steuerungen und Programmiersystemen für unterschiedliche Fertigungstechnologien zum Einsatz kommen können und macht Erweiterungen und Änderungen zeit- und kostspielig.

Zur Verbesserung der Wettbewerbsfähigkeit von Steuerungs- und Werkzeugmaschinenherstellern werden derzeit Anstrengungen unternommen, um Steuerungsarchitekturen zu harmonisieren /5/. In diesem Rahmen ist es notwendig, eine durchgängige Architektur für Simulationssysteme zu entwickeln, die sowohl für eine Integration in numerische Steuerungen, als auch für einen Einsatz in Systemen der Arbeitsvorbereitung geeignet ist. Besonderer Wert muß dabei auf einfachste Anpassung an verschiedene Fertigungs- und Handhabungsverfahren, Durchgängigkeit des Informationsflusses, ganzheitliche Betrachtung von 2D- und 3D-Systemen, sowie auf modularen Aufbau gelegt werden. Um Abweichungen der Simulationsergebnisse vom realen Prozeß zu vermeiden, müssen Algorithmen der numerischen Steuerung eingesetzt werden, wo immer dies möglich ist.

Gegenstand dieser Arbeit ist daher, eine Architektur für Simulationssysteme zu entwickeln, die den genannten Anforderungen Rechnung trägt.

2 Analyse von Simulationssystemen

Unter **Simulation** versteht man die Nachbildung eines realen Vorgangs in einem funktionsfähigen Modell und das anschließende Experimentieren mit diesem /6/. Simulationssysteme werden zur Beschreibung, Überprüfung, Reproduktion und Visualisierung einer Vielzahl von Vorgängen unter anderem aus den Bereichen Technik, Physik, Chemie und Biologie eingesetzt. Im Rahmen dieser Arbeit soll unter einem **Simulationssystem** eine Software verstanden werden, mit deren Hilfe eine grafikunterstützte dynamische Simulation von Fertigungsvorgängen ausgeführt werden kann. Mit dem Begriff **Programmiersystem** wird eine Software bezeichnet, die dazu dient, NC-Programme auf der Basis von Geometrie- und Technologieinformationen rechnerunterstützt zu erstellen.

Simulationssysteme gibt es heute für nahezu alle numerische Steuerungen und Programmiersysteme /7/. Die Voraussetzungen dazu wurden durch die Entwicklungen in der Halbleitertechnik geschaffen. So bringen beispielsweise Mikroprozessoren mit 32 Bit-Technologie durchschnittlich eine um den Faktor 5 bis 10 höhere Rechenleistung gegenüber solchen mit 16 Bit-Technologie und erlauben dadurch unter anderem die Integration von rechenzeitintensiven Simulationsaufgaben.

Zu Beginn sollen die Einsatzbereiche und Aufgaben von Simulationssystemen analysiert werden. Zur Vermeidung von Mißverständnissen werden außerdem einige grundlegende Begriffe definiert. Nachfolgend wird untersucht, welche Fertigungsverfahren sich durch eine grafische Simulation nachbilden lassen.

Die Simulation ist auf die Bereitstellung von Daten angewiesen. Diese sollen nach verschiedenen Kriterien klassifiziert und im Hinblick darauf untersucht werden, ob sie in einer NC üblicherweise zur Verfügung stehen, von externen Systemen übernommen werden können oder für die Simulation neu erstellt werden müssen.

Leistungsumfang, Flexibilität und Geschwindigkeit eines Simulationssystems hängen wesentlich von der Geometriedatenverarbeitung und der Systemstrukturierung ab. Aus diesem Grund werden bekannte Geometriedarstellungen klassifiziert und ihre Verwendbarkeit für die spezielle Simulationsaufgabe diskutiert. In gleicher Weise werden anschließend Strukturierungskonzepte analysiert.

2.1 Aufgaben und Einsatzbereiche eines Simulationssystems

Die Aufgaben eines Simulationssystems bestehen darin, die Bearbeitungs- und Handhabungsoperationen, die beim Abarbeiten eines Steuerprogramms auf einer Werkzeugmaschine ausgeführt werden, nachzubilden, zu kontrollieren und für den Bediener grafisch darzustellen.

Simulationssysteme werden in der Fertigungstechnik hauptsächlich eingesetzt, um frühzeitig **Fehler** in NC-Programmen **entdecken** zu können. Bei der Fertigung größerer Stückzahlen kann durch die Verlagerung der Programmtests weg von der Werkzeugmaschine hin zur **Arbeitsvorbereitung** die kostenintensive Einfahrzeit verringert werden /8/. Aber auch bei der **werkstattorientierten Programmierung** (WOP) bringt die Simulation Vorteile, wenn beispielsweise potentielle Kollisionen mit Spannelementen oder Werkzeugträgern vorab erkannt werden /9/, und durch die Reduktion der Anzahl von Ausschußteilen eine Produktivitätserhöhung erreicht wird. Die Simulation wird darüberhinaus zur **Aus- und Weiterbildung** /10/ eingesetzt. Mit ihrer Hilfe kann die Programmierung numerischer Steuerungen leichter und anschaulicher erlernt werden.

Neben der Visualisierung des **Bearbeitungsfortschritts** gehört auch die Darstellung von **Maschinenbewegungen** zu den Aufgaben eines Simulationssystems. Während im ersten Fall der Schwerpunkt auf die Geometriekontrolle des zu bearbeitenden Werkstücks gelegt wird, gilt das Augenmerk im zweiten Fall hauptsächlich dem Erkennen von Kollisionen. Von **Animation** spricht man, wenn die Geometriemodelle aller Teilkörper nicht aktualisiert, sondern nur an neue Positionen transformiert werden. Dieses Verfahren wird häufig bei der Visualisierung von Roboterbewegungen eingesetzt.

Bei einer rein **visuellen Darstellung** der Simulationsergebnisse ist der Betrachter allein dafür verantwortlich, die Ergebnisse zu interpretieren. Speziell bei der Simulation komplexerer Bearbeitungsvorgänge ist er dabei oft überfordert. Dieser Fall tritt insbesondere dann ein, wenn räumliche Bewegungen in einer Liniendarstellung ohne Ausblendung verdeckter Kanten dargestellt werden. Aus diesem Grund fällt auch die **rechnerische Kollisionserkennung** in den Aufgabenbereich von Simulationssystemen. Die geometrische Schnittbildung aller Geometrien im Arbeitsraum der Maschine erlaubt die Berechnung und Darstellung der gefährdeten Teile, erhöht aber gleichzeitig den Rechenaufwand.

Mögliche Einsatzbereiche der Simulation sind in Bild 2.1 dargestellt. Den häufigsten Fall, die Integration in die NC, zeigt die Variante A. Die Simulation setzt hier in der Regel auf NC-Steuerdaten nach DIN 66025 oder bereits dekodierten, sogenannten Mikrosätzen auf. Eventuell im Programmiersystem verfügbare Geometrieinformationen sind in den NC-Steuerdaten nicht enthalten und müssen separat übertragen oder manuell eingegeben werden.

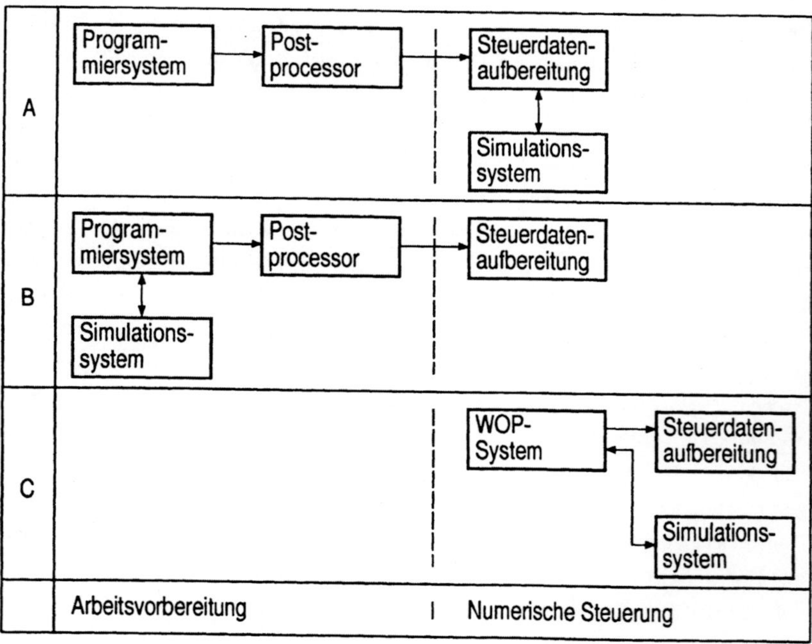

Bild 2.1: Simulationssystem innerhalb der numerischen Steuerung (A),
integriert in ein AV-Programmiersystem (B), oder
bei der Werkstattorientierten Programmierung (C)

Im Gegensatz dazu kann bei einem in das Programmiersystem integrierten Simulationssystem, wie es die Variante B zeigt, auf Geometrieinformationen direkt zurückgegriffen werden. Probleme können hier fehlende Informationen über Steuerung oder Kinematik der Maschine bereiten. Insbesondere wenn ein Maschinen-neutrales Zwischenformat, wie beispielsweise CLDATA /11/, zur Versorgung mit Verfahrinformationen zum Einsatz kommt, können leicht Abweichungen vom realen Prozeß auftreten.

Eine bezüglich des Informationsflusses ideale Lösung stellt die Variante C, das in die Steuerung integrierte Programmiersystem, dar /12/. Bei dieser Lösung ist ein Zugriff auf Verfahr-, Geometrie- und Konfigurierungsdaten möglich /13/. Derartige WOP-Systeme werden meist an Maschinen für kleine bis mittlere Losgrößen eingesetzt. Bei der Erstellung von NC-Programmen für große Stückzahlen dominiert die AV-Programmierung, weil durch manuelle Optimierungen minimale Stückzeiten erreicht werden.

In gleichem Maße wie die Einsatzbereiche, unterscheiden sich auch die **Zielsysteme**, in denen Simulationssysteme zum Einsatz kommen. Während beim Einsatz direkt an der Maschine eine **Integration in die numerische Steuerung** anzustreben ist, sind die Zielsysteme in den anderen Fällen meist Personal-Computer oder Workstations.

In allen Fällen, bei denen die Simulation vor der eigentlichen Bearbeitung stattfindet, kann von einem **off-line** Betrieb gesprochen werden. Im Gegensatz dazu steht die **on-line** Simulation, die beispielsweise eingesetzt wird, wenn der Arbeitsraum der Maschine wegen Schutzvorrichtungen oder spritzendem Kühlmittel nicht eingesehen werden kann oder wenn der Bearbeitungsfortschritt aus der Ferne überwacht werden soll. Besonders wichtig für die Akzeptanz durch den Bediener ist in beiden Fällen das **Zeitverhalten**. Die Darstellung auf dem Bildschirm muß kontinuierlich, also ruckfrei erfolgen können. Bei der on-line Simulation darf kein nennenswerter Schlupf gegenüber dem realen Prozeß auftreten.

Bei der off-line Überprüfung eines NC-Programms sind neben der **kontinuierlichen Darstellung** weitere Anzeigebetriebsarten sinnvoll. Die **satzweise Darstellung** erlaubt, die Auswirkungen jedes NC-Satzes im Einzelschrittbetrieb darzustellen. Von einer **arbeitsgangweisen Darstellung** spricht man, wenn die Ergebnisse jedes einzelnen Arbeitsgangs visualisiert werden. Das Planen der Stirnseite oder das konturparallele Schruppen eines Drehteils sind Beispiele für derartige Arbeitsgänge. Wenn ausschließlich das Fertigteil betrachtet werden soll, kann die **programmweise Darstellung** verwendet werden. Diese Betriebsart wird verwendet, um Maßkontrollen an der Endkontur vorzunehmen.

In Abhängigkeit von der Art des rechnerinternen Modells (RIM) der Geometrien spricht man von **2D-** oder **3D-Simulationssystemen**. Während man sich bei 2D-Systemen auf die Geometriedarstellung in einer Ebene beschränkt, wird bei 3D-Systemen mit räumlichen Modellen gearbeitet. 2D-Simulationssysteme lassen sich nur sinnvoll bei Bearbeitungstechnologien einsetzen, bei denen der Bearbeitungsprozeß auch in der Ebene beschrieben werden kann. Ein Beispiel dafür ist die Standarddrehbearbeitung /14/.

2.2 Klassifizierung von Fertigungsverfahren aus der Sicht der Simulation

Die Fertigungsverfahren lassen sich nach DIN 8580 /15/ und DIN 8589 /16/ in sechs Hauptgruppen einteilen: Urformen, Umformen, Trennen, Fügen, Beschichten und Stoffeigenschaftändern.

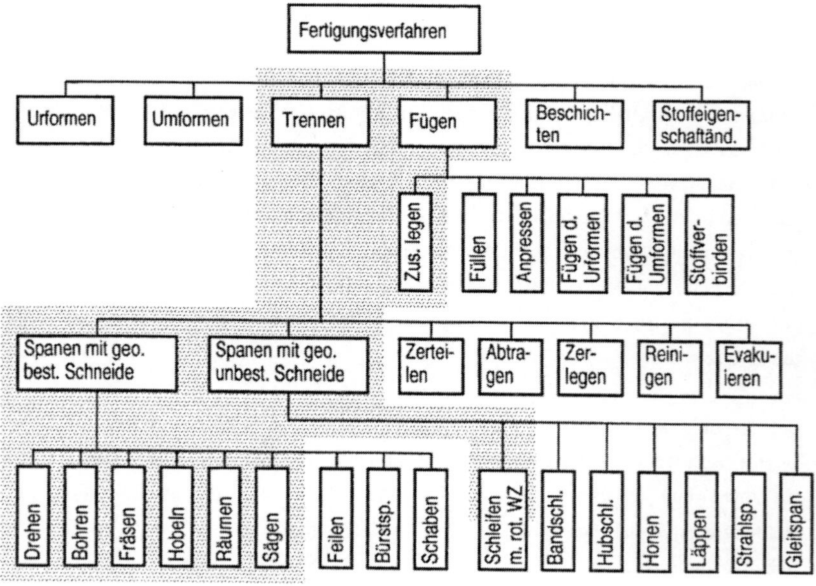

<u>Bild 2.2:</u> Mit Hilfe von mengentheoretischen Operationen gut beschreibbare Fertigungsverfahren

Die aufgrund ihres Marktanteils an der Werkzeugmaschinenproduktion für die NC-Simulation bedeutsamen Technologien Fräsen, Drehen und Schleifen /17/ gehören zur Hauptgruppe Trennen. Aus Sicht der Simulation ist allen drei Verfahren gemeinsam, daß die Änderungen der Werkstückgestalt durch die mengentheoretischen Verknüpfungen Subtraktion und Schnitt beschrieben werden können, da bei normalen Bearbeitungsvorgängen plastische oder elastische Verformungen keine nennenswerten Auswirkungen auf die Geometrie haben. Analysiert man die restlichen Fertigungsverfahren im Hinblick auf ihre mengentheoretische Beschreibbarkeit, so führt dies zu der in Bild 2.2 gezeigten Klassifizierung /18/.

Das Schleifen ist nur dann einfach beschreibbar, wenn das zerspante Volumen im wesentlichen durch die Form des Schleifkörpers und seine Bewegung bestimmt wird. Dies trifft beispielsweise für Form- oder Profilschleifen zu. Wenn dagegen nur sehr wenig Material zerspant wird, oder technologische Parameter wie Anpreßdruck oder Materialhärte den Prozeß bestimmen, ist eine grafische Simulation mit einem allgemeinen mengentheoretischen Ansatz nicht mehr einsetzbar.

Das Fertigungsverfahren Zusammenlegen aus der Hauptgruppe Fügen läßt sich auf die mengentheoretische Operation Addition zurückführen und ist damit ebenfalls gut beschreibbar.

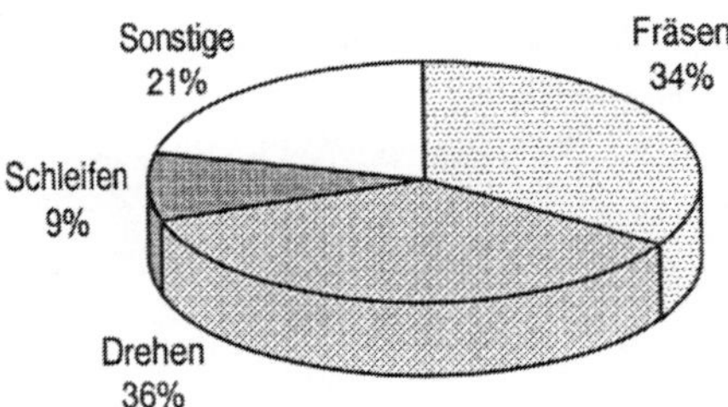

<u>Bild 2.3:</u>   Technologieanteile der weltweiten
NC-Werkzeugmaschinenproduktion 1989 /17/

Die Simulation der anderen Fertigungsverfahren erfordert Kenntnisse über technologische Prozeßgrößen und läßt sich daher nicht mit einem allgemein gehaltenen geometrischen Modell beschreiben. Aus Bild 2.3 wird jedoch deutlich, daß ein Simulationssystem mit einem allgemeinen mengentheoretischen Ansatz für rund 80% aller im Werkzeugmaschinenbereich eingesetzten numerischen Steuerungen eingesetzt werden kann.

2.3 Geometriedatenverarbeitung

Nach /19/ umfaßt der Begriff Visualisierung die Erzeugung, Speicherung, Manipulation und Darstellung von Modellen oder Charakteristiken von Prozessen oder Objekten mittels Rechner. Zur feineren Unterscheidung wird die Bedeutung des Begriffs **Visualisierung** im Rahmen dieser Arbeit eingeschränkt auf die Darstellung des rechnerinternen Modells auf einem grafischen Ausgabegerät. Die obengenannten Funktionen werden stattdessen im folgenden unter dem Begriff **Geometriedatenverarbeitung des Simulationssystems** zusammengefaßt.

Der Begriff **Modellierung** wird für Berechnungen, die am geometrischen Modell durchgeführt werden, also die mengentheoretischen Operationen Addition, Subtraktion und Schnitt, verwendet /20/.

Ein auf Software basierendes Simulationssystem kann den Zustand des zu simulierenden Prozesses nur zu diskreten Zeitpunkten wiedergeben. Die Zeit zwischen zwei derartigen aufeinanderfolgenden Zeitpunkten wird im folgenden **Simulationszyklus** genannt.

Während des Ablaufs eines Simulationszyklus müssen vom Simulationssystem folgende drei Aufgaben ausgeführt werden /21/:
1. Generierung der aktuellen Geometriemodelle für alle bewegten Körper,
2. Modellierung und
3. Visualisierung.

Anhand von Bild 2.4 sollen diese Operationen, die allen Simulationssystemen gemeinsam sind, erläutert werden. Die kontinuierliche Werkzeugbewegung muß zur Abarbeitung durch einen Rechner in diskrete Intervalle zerlegt werden. Während des Simulationszyklus bewegt sich das Werkzeug beispielsweise von der Position p_i nach p_{i+1} (siehe Teilbild 1).

Die Generierung der aktuellen Geometriemodelle eines Körpers umfaßt die Transformation an seine neue Position und die Modellbildung des im Simulationszyklus durchlaufenen Volumens, der sogenannten **Volumenspur**. Für das dargestellte Beispiel des sich bewegenden Werkzeugs muß ein rechnerinternes Modell des zerspanten Volumens, die Werkzeug-Volumenspur, gebildet werden. Falls ein diskretes Geometriemodell verwendet wird, reduziert sich die Bildung der Volumenspur auf die Transformation, wenn das Wegintervall kleiner oder gleich der Auflösung des Modells ist.

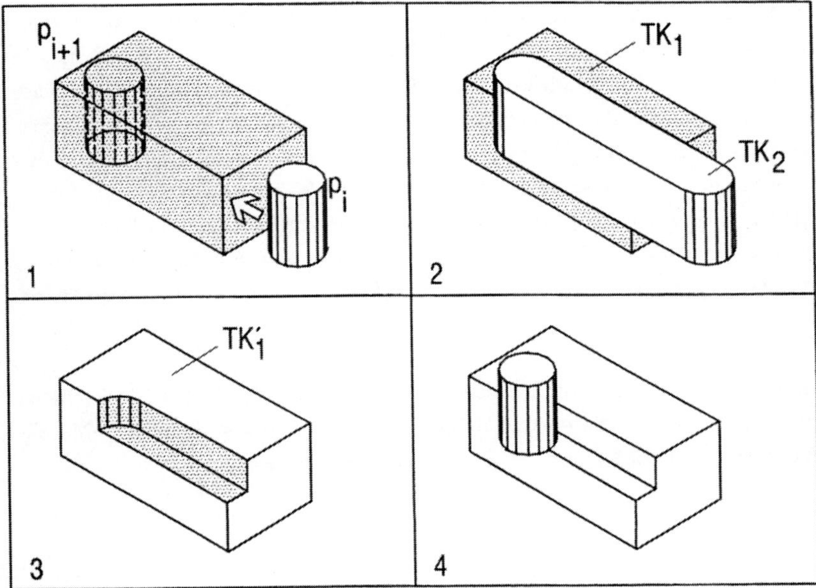

<u>Bild 2.4:</u>   Ablauf eines Simulationszyklus

Das in Teilbild 2 mit TK_2 gekennzeichnete Volumen muß danach vom dem zu diesem Zeitpunkt aktuellen Werkstückstückmodell TK_1 subtrahiert werden. In gleicher Weise läßt sich die Kollisionsbetrachtung auf die mengentheoretische Operation Schnittbildung zurückführen. Das resultierende aktualisierte Werkstück zeigt Teilbild 3. Zuletzt muß die gesamte Szene visualisiert werden.

Im folgenden soll nun analysiert werden, welche Anforderungen an die Geometriedatenverarbeitung eines Simulationssystems gestellt werden müssen. Anschließend werden bekannte 2D- und 3D-Geometriemodelle auf ihre Eignung untersucht.

2.3.1 Anforderungen an die Geometriedatenverarbeitung

Von der Bearbeitungstechnologie hängt ab, ob ein Simulationssystem, das auf einem 2D-Modell basiert, eingesetzt werden kann, oder ob eine 3D-Geometriemodellierung notwendig ist. So ist zum Beispiel bei der Standarddrehbearbeitung mit 2 Achsen oder der 2 1/2 achsigen Fräsbearbeitung eine 2D-Modellierung ausreichend, da in beiden Fällen alle für die Bearbeitung notwendigen Geometrieinformationen auf ebene Flächen abgebildet werden können. Derartig darstellbare Körper werden auch als **zweieinhalb-dimensionale Geometrieobjekte** bezeichnet. Wegen der großen Ähnlichkeit ist diese Darstellung für einen Vergleich mit Werkstattzeichnungen durch den Bediener besonders geeignet. Andere Fertigungsverfahren, wie etwa die drei- oder fünfachsige Fräsbearbeitung von Freiformflächen, sind nicht in der Ebene beschreibbar und erfordern daher eine 3D-Modellierung.

Die Komplettbearbeitung von Drehteilen mit Bohren, Stirn- und Mantelflächenfräsen auf einer Drehzelle ist ein weiteres Beispiel für eine Applikation, die eine 3D-Modell-aktualisierung notwendig macht. Bild 2.5 stellt eine solche Bearbeitungssituation dar.

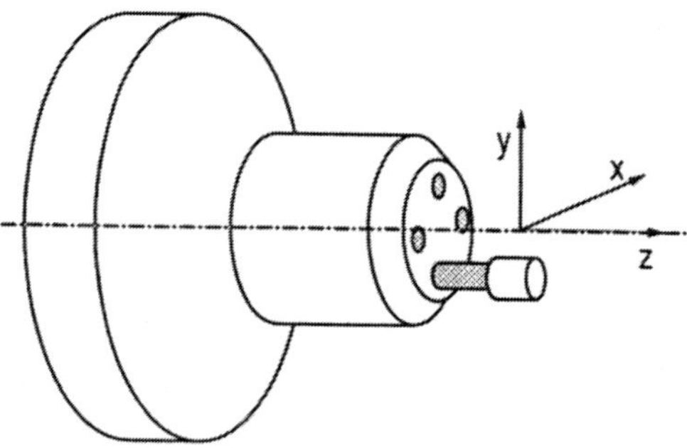

<u>Bild 2.5:</u>   3D-Simulation mit Modellaktualisierung

Am Beispiel der Fräsbearbeitung läßt sich leicht erkennen, daß innerhalb einer Bearbeitungstechnologie sowohl 2D- als auch 3D-Modellierung notwendig und sinnvoll einsetzbar sind. Eine ausschließliche Verwendung der 3D- Modellierung ist nicht vorteilhaft, weil sie wesentlich höhere Anforderungen an die Rechenleistung stellt. Dies führt zu der Anforderung an die Geometriedatenverarbeitung, sowohl die **2D- als auch die 3D- Geometriemodellierung** konzeptionell vorzusehen /21/.

Wenn die aus der Bearbeitung resultierende Werkstückgeometrie überprüft werden soll, muß ein Simulationssystem mit **Modellaktualisierung** eingesetzt werden. In Bild 2.6 ist in der linken Bildhälfte eine Simulation für die Drehbearbeitung ohne Modellaktualisierung gezeigt. Aus dieser Darstellung werden Verfahrbewegungen mit Sollvorschub und im Eilgang, sowie programmiertes Roh- und Fertigteil ersichtlich.

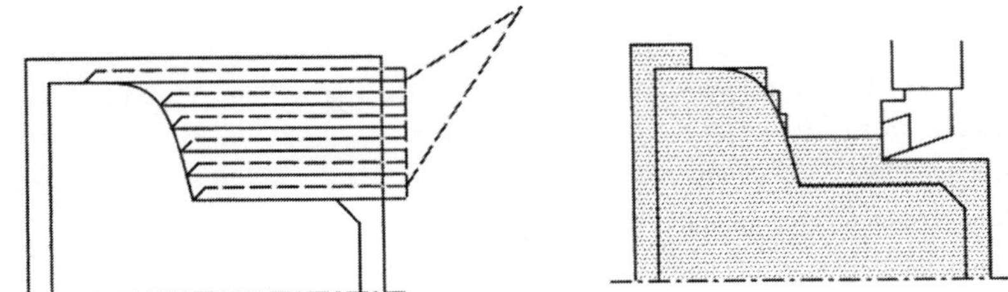

<u>Bild 2.6:</u>   2D-Simulation ohne und mit Modellaktualisierung

Bei einer Simulation mit Modellaktualisierung, wie sie im rechten Teil des Bildes dargestellt ist, läßt sich darüber hinaus die aktuelle Geometrie des Werkstücks überprüfen. Für die Kollisionskontrolle oder zur Überprüfung von Hinterschneidungen ist eine Modellaktualisierung unumgänglich.

Hohe Anforderungen an die Geometriedatenverarbeitung stellt die rechnerische Kollisionskontrolle, da diese zum einen nicht nur die Verknüpfung von Werkstück und zerspantem Volumen, sondern auch die Berücksichtigung aller anderen kollisionsgefährdeten Bauteile erfordert und zum zweiten gerade bei komplexen Fertigungstechnologien, wie beispielsweise der fünfachsigen Freiformflächenbearbeitung, häufig eingesetzt wird /22/. Die rechnerische Kollisionskontrolle kann durch die geometrische Schnittbildung der zu betrachtenden Körper durchgeführt werden. Ist die mengentheoretische Schnittmenge beider Körper nicht leer, so liegt eine Kollision vor.

Bei allen Handhabungsoperationen, etwa von Werkstücken oder Werkzeugen, ist keine Aktualisierung der Geometriemodelle notwendig, da alle starren Teilkörper ihre geometrische Gestalt beibehalten. Modellieraufgaben fallen nur an, wenn die Kollisionskontrolle angewählt wurde. Von besonderer Bedeutung für diesen Einsatzbereich ist jedoch, die Geometriemodelle der einzelnen Teilkörper schnell an eine neue Position transformieren und die Gesamtszene darstellen zu können.

Im Rahmen der Visualisierung muß der Bediener Größe, Ausschnitt und darzustellende Elemente interaktiv beeinflussen können. Diese Funktionen sind notwendig, um die gesamte Anlage, aber auch kleine Details betrachten zu können, oder die Darstellung auf die Elemente zu beschränken, die für die aktuelle Bearbeitungssituation von Bedeutung sind.

Das rechnerinterne Geometriemodell wird nur für die grafische Darstellung und die rechnerische Kollisionskontrolle benötigt. Eine Weiterverarbeitung der Geometriedaten, wie beispielsweise bei der CAD-NC Kopplung, findet nicht statt. Aus diesem Grund müssen an die Genauigkeit der Modellierung keine zu hohen Anforderungen gestellt werden. Eine absolute Genauigkeit in der Größenordnung von zehntel bis hundertstel Millimetern ist im Regelfall ausreichend.

Eigenschaft	Bedeutung
schnelle Modellaktualisierung	●
schnelle Visualisierung	●
schnelle Transformation	●
interaktive Darstellungsmanipulation	●
geringer Speicherplatzbedarf	◐
Genauigkeit	◐
Manipulation von Objektgruppen	○
technologische Attribute	◐
Konvertierbarkeit 2D/3D	●
Hardware - Unabhängigkeit	●

● erforderlich

◐ bedingt erforderlich

○ nicht unbedingt erforderlich

Tabelle 2.1: Zusammenstellung der Anforderungen an die Geometriedatenverarbeitung.

Sowohl Modellierungs- als auch Visualisierungsdauer hängen von der Modellkomplexität ab. Bei bestimmten Modellierungsverfahren steigt die Modellierungsdauer proportional zum Produkt der Anzahl der Teilelemente der einzelnen Modelle /23/. Da bei der Simulation häufig sehr komplexe Szenarien entstehen, sind insbesondere bei der 3D-Modellierung Verfahren mit linearer Abhängigkeit der Modellierungsdauer von der Anzahl der Teilelemente vorzuziehen.

2.3.2 Analyse von 2D-Geometriemodellen

Aus der Literatur sind zwei Verfahren mit rechnerinternem 2D-Modell für in die NC integrierte Simulationssysteme bekannt, Radiergrafik und Kantenzugdarstellung. Die Vor- und Nachteile beider Modelle sollen im folgenden gegenübergestellt werden.

2.3.2.1 Radiergrafik

Die **Radiergrafik** basiert auf einem diskreten Pixelmodell im Bildspeicher der Anzeigebaugruppe. Dies erlaubt eine sehr kostengünstige Lösung, da auf Hardware-Erweiterungen speziell für die Simulation verzichtet werden kann /24/. Ein Beispiel dafür ist in Bild 2.7 dargestellt.

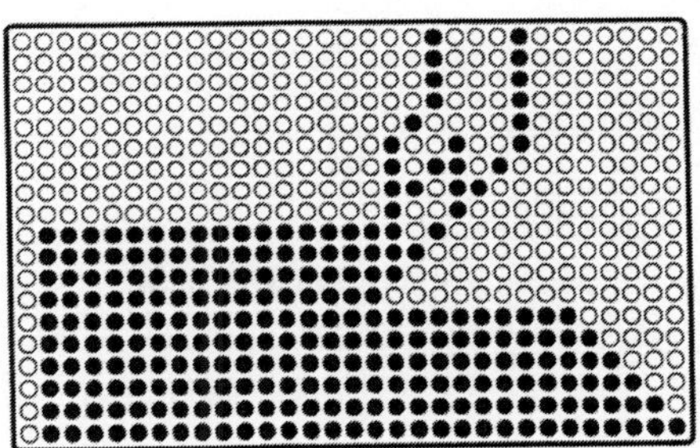

<u>Bild 2.7</u>:   Simulation mit Radiergrafik

Die Modellierung erfolgt durch "Ausradieren", d.h. Farbänderung aller vom Werkzeug überstrichenen Punkte des Werkstücks. Durch das im Bildspeicher gehaltene Modell wird auch eine sehr schnelle Visualisierung erreicht /25/, da zu diesem Zweck keine speziellen Algorithmen abgearbeitet werden, sondern nur die Pixel des Rasterbildschirms zyklisch zeilenweise ausgegeben werden müssen. Die Manipulationsmöglichkeiten für den Bediener sind stark eingeschränkt. Vergrößerungen oder Verschieben des betrachteten Ausschnitts erfordern einen Neustart der Simulation. Die Interpolation von Verfahrbewegungen muß auf die diskreten Rasterpunkte des Modells abgestimmt sein, damit alle Pixel berücksichtigt werden.

Während der Interpolator einer Steuerung zeitdiskret arbeitet, also in einem festen zeitlichen Abstand neue Weginkremente bestimmt, muß bei der Radiergrafik ein wegdiskreter, auf Pixelabständen basierender Interpolationsalgorithmus eingesetzt werden /25/. Aus diesem Grund kann der Interpolator des Steuerungskerns nicht verwendet werden. Die Verwendung unterschiedlicher Interpolationsalgorithmen kann zu von der realen Bearbeitung abweichenden Simulationsergebnissen führen. Die Genauigkeit, die mit Radiergrafik erzielt werden kann, hängt von der Auflösung der Grafikeinheit und der Größe des darzustellenden Ausschnitts ab.

Das Verfahren der Radiergrafik ist prinzipiell hardwareunabhängig, da das rechner-interne Modell in jedem beliebigen Speicher abgelegt werden kann. Geschwindigkeits-vorteile lassen sich jedoch nur bei der Speicherung des Modells im Bildspeicher der Anzeigebaugruppe erzielen. Aus diesem Grund sind ausgeführte Systeme dennoch in hohem Maße von der Hardwareumgebung abhängig, was die Portierbarkeit stark beein-trächtigt.

2.3.2.2 Kantenzugdarstellung

Bei der **Kantenzugdarstellung** werden Flächen durch die sie begrenzenden Kanten modelliert /26/. Ein geschlossener Kantenzug wird dabei als Polygon bezeichnet. Sind mehrere Kantenzüge notwendig, um eine Fläche zu beschreiben, so nennt man dies ein **Polygonset.**

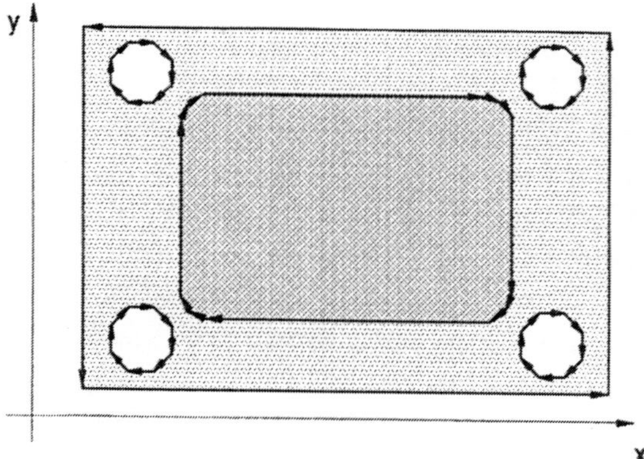

Bild 2.8: 2D-Polygonsetdarstellung eines Frästeils mit
Tasche und Bohrungen

Ein Beispiel für die Darstellung eines 2 1/2 achsig bearbeiteten Frästeils ist in Bild 2.8 zu sehen. Die einzelnen Polygone sind entweder ausschließlich aus Geradenstücken oder unter zusätzlicher Verwendung von Kreisbögen aufgebaut. Andere Konturen werden durch Geradenstücke approximiert. Die Genauigkeit kann dabei theoretisch beliebig erhöht werden. Die Grundkontur wird durch äußere Polygone beschrieben, wohingegen man bei Aussparungen von inneren Polygonen spricht. In der Regel haben die Polygone eine feste Drehrichtung. Im Bild 2.8 sind das äußere Polygon linksdrehend, die inneren Polygone rechtsdrehend dargestellt. Dies verringert den Modellieraufwand, da sichergestellt ist, daß sich links einer gerichteten Kante stets Material befindet.

2.3.2.3 Bewertung

Vorteile der Kantenzugdarstellung sind in der höheren Genauigkeit, den vielfältigen Manipulationsmöglichkeiten und der vollständigen Hardwareunabhängigkeit zu sehen. Von Nachteil ist der gegenüber dem diskreten Modell höhere Visualisierungsaufwand. Dies gilt insbesondere dann, wenn Flächen nicht nur durch die umrandenden Linien, sondern gefüllt dargestellt werden sollen.

Eigenschaft	Radiergrafik	Kantenzugdarstellung
schnelle Modellaktualisierung	●	●
schnelle Visualisierung	●	◐
schnelle Transformation	◐	●
interaktive Darstellungsmanipulation	○	●
geringer Speicherplatzbedarf	●	◐
Genauigkeit	◐	●
Manipulation von Objektgruppen	○	◐
technologische Attribute	○	◐
Konvertierbarkeit 2D/3D	○	●
Hardware - Unabhängigkeit	○	●

Bewertung
● gut
◐ weniger gut
○ schlecht

Tabelle 2.2: Vergleich von Radiergrafik und Kantenzugdarstellung

Ein Nachteil der Radiergrafik, der sich insbesondere bei der Darstellung von Bewegungen bemerkbar macht, ist in dem hohen Aufwand zu sehen, der getrieben werden muß, um sämtliche Bildpunkte eines Geometrieobjekts an eine neue Position zu transformieren.

Da außerdem nur die Kantenzugdarstellung eine sinnvolle Konvertierung zum 3D-Modell erlaubt, ist sie für die Konzeption einer durchgängigen Architektur für Simulationssysteme der Radiergrafik vorzuziehen.

2.3.3 Analyse von 3D-Geometriemodellen

3D-Geometriemodelle lassen sich in linien-, flächen- und volumenorientierte Modelle klassifizieren /27/. Die Vor- und Nachteile der einzelnen Modelle sollen im folgenden diskutiert werden.

2.3.3.1 Linienorientierte Modelle

Die **linienorientierte Darstellung** ist die einfachste Form eines 3D-Modells. Körper werden dabei durch Raumpunkte und -linien beschrieben. Das einfache Modell hat viele Nachteile. So erlaubt es beispielsweise keine Konsistenzprüfung. Wie Bild 2.9 zeigt, ist diese Darstellung auch wegen fehlender Eindeutigkeit /28/ für ein Simulationssystem ungeeignet.

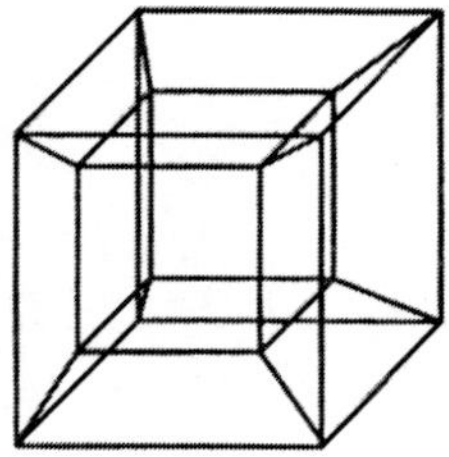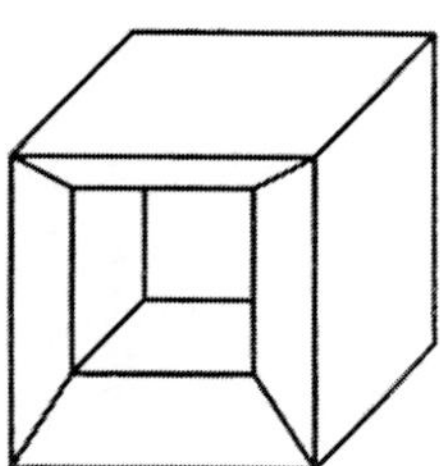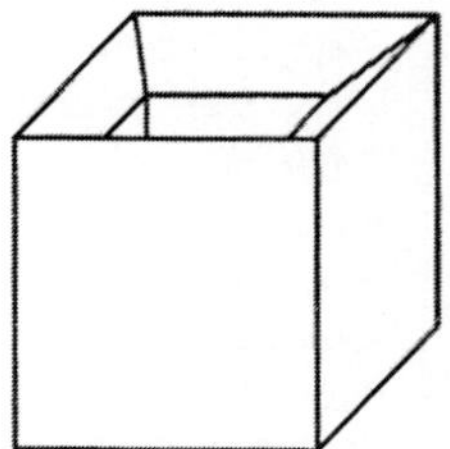

<u>Bild 2.9:</u>   Mehrdeutigkeit bei der linienorientierten Darstellung

2.3.3.2 Flächenorientierte Modelle

Bei dieser Art der Modellierung werden Teile der Oberfläche von Körpern beschrieben, indem sie aus kleinen Flächenstücken, sogenannten **Patches**, zusammengesetzt werden. Beschrieben werden üblicherweise nur die interessierenden Teilbereiche eines Körpers; die Oberflächen ergeben in ihrer Summe daher keinen geschlossene Körper. Flächenorientierte Modelle werden im allgemeinen dort eingesetzt, wo die Oberflächen aus analytisch nicht einfach beschreibbaren Flächenformen bestehen /29/. Derartige Oberflächen finden sich beispielsweise im Schiff-, Automobil- oder Flugzeugbau, aber auch überall dort, wo ergonomische oder Styling-Gesichtspunkte zu beachten sind.

Flächenorientierte Modelle haben eine starke Verbreitung bei Programmiersystemen für den NC-Sektor. Dies hängt unter anderem mit der Flächenschnittstelle des Verbands der Automobilindustrie, kurz VDA-FS, die bei Autoherstellern und ihren Zulieferern häufig zum Einsatz kommt, zusammen /30/. Bei den Programmiersystemen müssen Fräsbahnen auf bestimmten Flächen generiert und nicht die Flächen zur Laufzeit dynamisch modelliert werden. Aufgrund der im allgemeinen sehr hohen Komplexität der Flächenbeschreibungen und der damit verbundenen hohen Modellierdauer eignen sich flächenorientierte Modelle für ein grafisches Simulationssystem nur bedingt.

2.3.3.3 Volumenorientierte Modelle

Die volumenorientierten Modelle lassen sich in Abhängigkeit von der Art der rechnerinternen Darstellung in **Boundary Representation** (BREP), **Constructive Solid Geometry** (CSG) und **diskrete Modelle** unterscheiden. Nach /4/ lassen sich letztere nochmals in solche mit Diskretisierung in einer (Scheibenmodell), zwei (Säulenmodell) oder drei Koordinatenachsen (Würfelmodell) unterscheiden. Diese drei Arten sind in Bild 2.10 dargestellt.

Bei den **Polytree-Modellen**, einem Sonderfall der diskreten Modelle, versucht man die anfallende Datenmenge und die Modellierzeit dadurch zu reduzieren, daß die Diskretisierung in einem variablen Raster erfolgt.

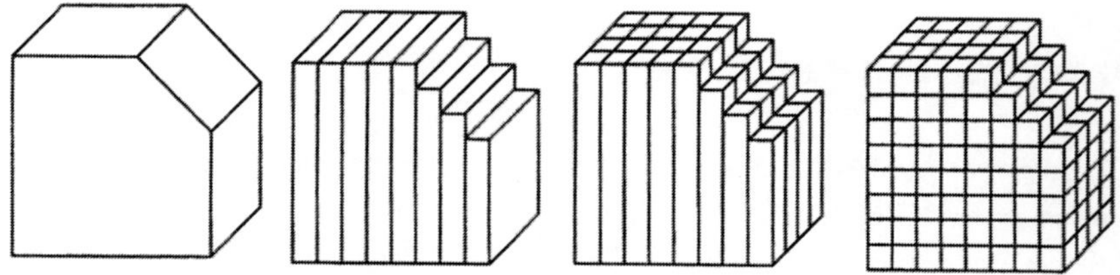

<u>Bild 2.10:</u> Modelle mit Diskretisierung in 1, 2 oder 3 Koordinatenachsen

Bild 2.11 zeigt eine **Octree** Darstellung, bei der dieses Prinzip in allen 3 Achsen ange-
wandt wird und somit der Arbeitsraum rekursiv in immer kleiner werdende Würfel zerlegt wird. Im Gegensatz zu den Modellen mit fester Diskretisierung lassen sich damit
prinzipiell abgestufte Genauigkeitsanforderungen, beispielsweise für Maschine und
Werkstück, realisieren.

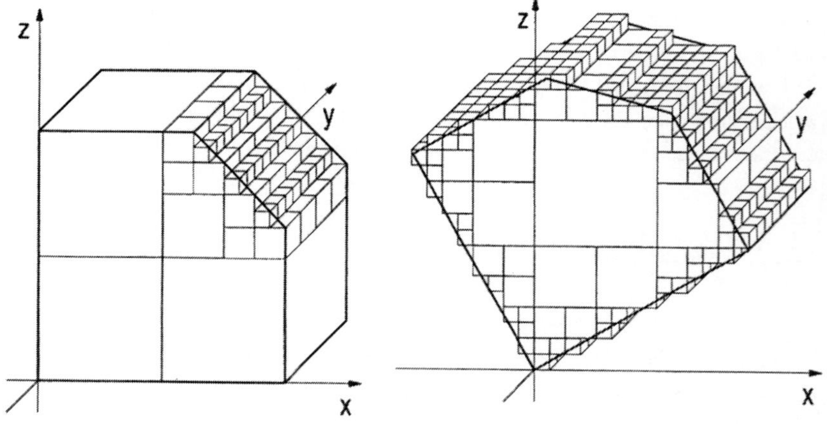

<u>Bild 2.11:</u> Octree-Modell und durch Transformation bedingte Modell-Restrukturierung

Ein gemeinsames Merkmal aller diskreten Modelle ist die starre Bindung an ein
Koordinatensystem. Dies ist gleichzeitig auch der gravierendste Nachteil, da die Transformation eines Körpers an eine neue Position, wie sie gerade für die Simulation von
Handhabungsvorgängen ständig benötigt wird, eine aufwendige vollständige Restruktu-
rierung des Modells zur Folge hat /31/.

Beim CSG-Modell besteht das Modell aus einzelnen Grundkörpern und booleschen
Verknüpfungsvorschriften /32/. Gegen die Verwendung spricht, daß bei der Simulation

von Bearbeitungsvorgängen komplexe Geometrien entstehen, die sich mit Grundkörpern nur sehr unvollkommen approximieren lassen. Da das Modell außerdem bei jedem neuen Bearbeitungsschritt um mindestens einen Teilkörper und eine Verknüpfung erweitert wird und für Modellierung und Darstellung jedesmal vollständig durchlaufen werden muß, ergibt sich ein akkumulatives Laufzeitverhalten, das dieses Modell für eine dynamische Simulation ungeeignet macht. Bild 2.12 stellt ein Beispiel eines CSG-Modells dar.

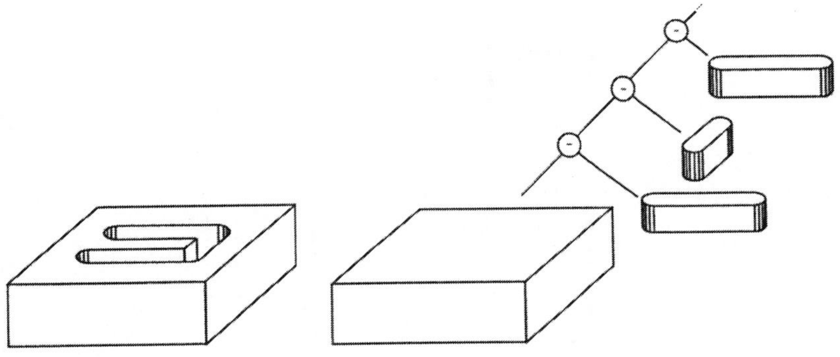

<u>Bild 2.12:</u> CSG-Modell

Bei BREP-Modellen werden Körper durch die sie begrenzenden Flächen beschrieben. Der Unterschied zu den in Kapitel 2.3.3.2 diskutierten flächenorientierten Modellen ist darin zu sehen, daß Körper vollständig modelliert werden. Die Flächen stellen also insgesamt einen geschlossenen Körper ohne Lücken dar. Außerdem entsteht beim Schnitt stets eine geschlossene Schnittfläche.

Die Verwendung von Splines für die Flächenbeschreibung ist bei Geometriemodellierern von CAD-Systemen heute Stand der Technik. Die entsprechenden Methoden werden beispielsweise in /33/ beschrieben. Hier soll dagegen nur auf die Darstellung von Körpern mit Hilfe einer Approximation durch ebene Flächen, sogenannte **Polyeder**, eingegangen werden. Der Grund dafür ist, daß aus den in Kapitel 2.3.1 genannten Gründen keine so hohen Genauigkeitsanforderungen, wie bei CAD-Systemen, bestehen. Hinzu kommt auch, daß die Rechenleistung heutiger Steuerungssysteme für eine Flächenmodellierung auf Splinebasis nicht ausreichend ist. Polyeder lassen sich hingegen mit relativ einfachen mathematischen Methoden bearbeiten /34/.

Die Flächen des Polyeders bestehen im allgemeinen Fall aus Polygonsets. Die Modellierung wird wesentlich vereinfacht, wenn die Gleichungen der Ebenen, in denen die Flächen liegen, im Modell mitgeführt werden. Zur Vermeidung von Zweideutigkeiten wird üblicherweise darüberhinaus vereinbart, daß alle Normalenvektoren der Ebenen vom Volumen weg zeigen. Die Modellierung eines Körpers durch die ihn begrenzenden Flächen ist in Bild 2.13 dargestellt.

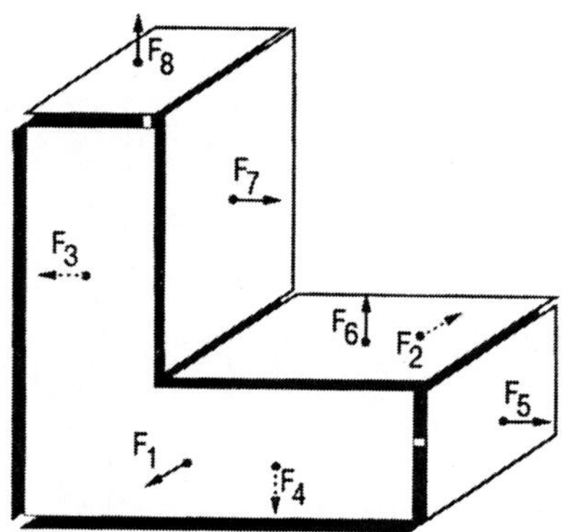

Bild 2.13: Polyedermodell

Probleme können beim Flächenmodell Inkonsistenzen bereiten. Diese treten auf, wenn ein Schnitt durch einen Körper erfolgt und durch Lücken oder Überlappungen, wie in Bild 2.14, keine geschlossene Schnittfläche bestimmt werden kann. Die wichtigste Ursache hierfür ist die begrenzte Rechengenauigkeit von Mikrorechnern. Methoden zur Verbesserung von Genauigkeit und Zuverlässigkeit werden in /35/ beschrieben.

Ein Nachteil des reinen Polyedermodells ist darin zu sehen, daß die Flächenliste keine Topologieinformation enthält. Bei der mengentheoretischen Verknüpfung zweier Körper müssen daher stets alle Flächen des einen gegen alle Flächen des anderen Körpers untersucht werden. Beim **Binary Space Partitioning-** (BSP-) Modell, einem Sonderfall der Polyedermodelle, teilt jede Ebene den Raum in zwei Halbräume ein /36/. Alle nachfolgenden Flächen werden einmal beim Modellaufbau mit dieser Ebene verglichen und in solche, die vor (front, F) oder hinter (back, B) der aktuellen Ebene liegen, sortiert. Durch Rekursion entsteht auf dieser Basis ein binärer Baum /37/, der Informationen über die Lage der Flächen zueinander enthält.

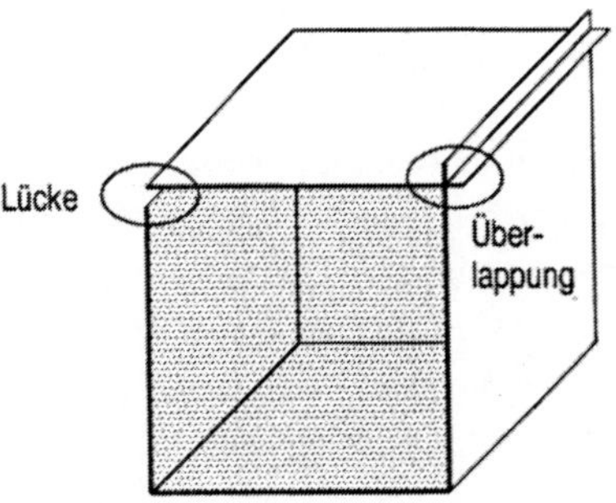

Bild 2.14: Inkonsistenzprobleme beim Flächenmodell

Von Nachteil ist die beim BSP-Modell auftretende Zerschneidung von Teilflächen, die beim Baumaufbau entstehen kann und zu einer Erhöhung der Datenmenge führt, sowie die Beschränkung auf ausschließlich ebene Flächen. Der große Vorteil dieses Modells ist darin zu sehen, daß es eine sehr schnelle Modellierung und Visualisierung erlaubt /38/. Dies soll am in Bild 2.15 dargestellten Beispiel kurz erläutert werden. Zur Erhöhung der Übersichtlichkeit wurde eine zweidimensionale Darstellung gewählt.

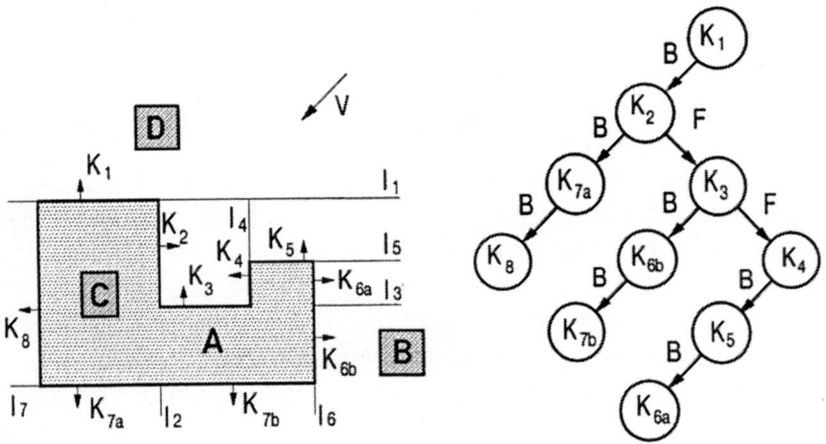

Bild 2.15: Kollisionstest und Visualisierung am Beispiel eines 2D - BSP-Modells

Die Kanten der Fläche A in der linken Bildhälfte sind rechts in einem BSP-Baum dargestellt. Sie entsprechen den Flächen im dreidimensionalen Modell. Ebenso lassen sich die

Linien, auf denen die Kanten liegen, mit den Raumebenen des 3D-Modells vergleichen. Soll beispielsweise ermittelt werden, ob der Körper B mit A kollidiert, so kann wie folgt vorgegangen werden: zuerst wird B mit der Wurzel des Baums, also mit der Linie l_1 verglichen. Da B vollständig hinter l_1 liegt, erfolgt nun der Vergleich mit l_2. Von l_2 aus gesehen, liegt B vollständig vor der Linie. Daher wird nun gegen l_3 geprüft. Nach Vergleich mit l_1, l_2, l_3 und l_6 steht fest, daß sich B außerhalb von A befindet. Für den Körper C erhält man mit derselben Vorgehensweise nach Vergleich mit den Linien l_1, l_2, l_7 und l_8 das Ergebnis, daß sich der Proband innerhalb von A befindet. Der Körper D würde sofort nach dem Vergleich mit l_1 als außerhalb liegend erkannt.

Ähnlich einfach ist auch die Visualisierung. Durch Vergleich der Liniennormale (bzw. Flächennormale beim 3D-Modell) mit der Blickrichtung v kann festgestellt werden, ob der Beobachter von vorn oder hinten auf die Kante (Fläche) schaut. Es wird dann in einem rekursiven Vefahren stets der Teilbaum, der vom Beobachter aus gesehen, hinter der Kante (Fläche) liegt, zuerst ausgegeben, dann die Kante (Fläche) selbst, und danach der Teilbaum vor der Kante (Fläche). Sieht ein Beobachter beispielsweise parallel zum Blickrichtungsvektor v auf das Modell, so werden die Kanten in der Reihenfolge K_{7a}, K_8, K_2, K_{7b}, K_{6b}, K_3, K_4, K_{6a}, K_5, K_1 ausgegeben. Man erhält dadurch bei der 3D-Darstellung automatisch eine Ausblendung verdeckter Flächen und Kanten.

2.3.3.4 Spezielle Modelle für die rechnerische Kollisionskontrolle

Bei den bisher analysierten Geometriemodellen erfolgt die Kollisionskontrolle durch geometrische Schnittbildung. Darüberhinaus sind in der Literatur Verfahren beschrieben, die speziell auf die Kollisionsproblematik abgestimmt sind.

In /39/ wird ein Verfahren für die NC-interne Kollisionserkennung beschrieben, das auf der aus der Feldtheorie bekannten Distanzfeldmethode basiert und dazu dient, Kollisionen während der Bearbeitung im voraus zu erkennen. Die Beschreibung von Geometrien erfolgt durch skalare und vektorielle Felder. Es eignet sich nicht für die Aufbereitung grafischer Daten und könnte in einem Simulationssystem daher nur ergänzend eingesetzt werden.

Eine weitere Methode für die rechnerische Kollisionskontrolle besteht darin, komplexe Körper mit einfacheren Hüllkörpern, beispielsweise Quadern oder Kugeln, zu umgeben. Eine erste schnelle Kollisionsüberprüfung erfolgt durch sogenannte **Min-Max Tests**, indem die Hüllkörper auf Schnitt getestet werden. Die eingeschlossenen Körper können sich nur schneiden, wenn sich auch die Hüllkörper schneiden. Ein auf diesem Verfahren basierendes Kollisionsschutzsystem für Drehmaschinen mit abgestuften Kollisionstests unter Zuhilfenahme eines speziellen Kollisionsschutzrechners wird in /40/ vorgestellt. Ein vergleichbares System, das ebenfalls auf verschiedenen Min-Max Tests basiert, wird auch in /41/ beschrieben.

2.3.3.5 Bewertung

Bei 3D-Modellierern, wie sie in CAD-Systemen eingesetzt werden, sind Volumen- und Flächenmodellierung unter Berücksichtigung von Freiformflächen Stand der Technik /42/. Sie müssen auf höchste Genauigkeit ausgelegt sein, da auf der Basis der durch sie erzeugten Geometriemodelle weitere Berechnungen, beispielsweise für die Generierung von NC-Verfahrdaten, erfolgen. Da CAD-Systeme interaktiv bedient werden, sind Modellierzeiten im Sekundenbereich zulässig. Im Gegensatz dazu arbeitet der Geometriemodellierer eines Simulationssystems Daten-getrieben und muß die Darstellung dynamischer Vorgänge ermöglichen. Da für das menschliche Auge Bewegungen nur dann kontinuierlich erscheinen, wenn mehr als 20 Bilder pro Sekunde generiert werden, darf die Simulationszykluszeit 50 ms nicht überschreiten. Andererseits sind, wie bereits ausgeführt, Abstriche bei der Genauigkeit erlaubt. Aus diesem Grund eignen sich Geometriemodellierer aus dem CAD-Bereich in der Regel nicht für den Einsatz in Simulationssystemen. Da in Steuerungen Rechenleistung häufig nur in sehr begrenztem Maße zur Verfügung steht, sind Sonderlösungen mit speziellen Baugruppen /43/ oder steuerungsexternen, leistungsfähigen Rechnern /23, 44/ konzipiert worden.

Der Vergleich von 3D-Geometriemodellen zeigt, daß linienorientierte Modelle für den Einsatz in einer numerischen Steuerung wegen fehlender Eindeutigkeit ausssscheiden. Die diskreten Modelle sind für die Darstellung von Bewegungen wegen der festen Bindung an ein Koordinatensystem ungeeignet. Das CSG-Modell kann wegen seines akkumulativen Charakters nicht eingesetzt werden /45/.

Am besten geeignet sind volumenorientierte Polyedermodelle. Aus dieser Gruppe bietet sich das BSP-Modell besonders an, da es topologische Informationen beinhaltet, die eine besonders schnelle Modellierung und Visualisierung erlauben /46/.

- 36 -

Eigenschaft	linienorientierte Modelle	flächenorientierte Modelle	diskrete Modelle	CSG Modell	BREP Modell	BSP Modell
schnelle Modellaktualisierung	◐	○	◐	●	◐	●
schnelle Visualisierung	◐	○	◐	○	◐	●
schnelle Transformation	●	○	○	●	●	●
interaktive Darstellungsmanipulation	◐	◐	◐	○	◐	●
geringer Speicherplatzbedarf	●	○	◐	●	◐	◐
Genauigkeit	◐	●	◐	●	◐	◐
Manipulation von Objektgruppen	◐	●	○	●	●	●
technologische Attribute	○	●	○	●	●	●
Konvertierbarkeit 2D/3D	●	○	○	◐	●	●

Bewertung: ● gut, ◐ weniger gut, ○ schlecht

Tabelle 2.3:   Vergleich von 3D-Geometriemodellen

Die von der Kollisionskontrolle her bekannten Hüllquader bringen zwar einen zusätzlichen Verwaltungsaufwand mit sich, können jedoch insbesondere bei Handhabungsvorgängen die durchschnittliche Modellierungsdauer wesentlich verringern. Aus diesem Grund ist die Verwendung von Min-Max Tests konzeptionell vorzusehen.

2.4   Datenversorgung

Die grafisch-dynamische Simulation benötigt Informationen über die auszuführenden Bewegungen der realen Maschine. Diese werden im folgenden **Verfahrdaten** genannt. Unter diesem Begriff werden alle Daten zusammengefaßt, die zur Bewegungserzeugung einer NC dienen. Das Spektrum reicht von Teileprogrammen nach DIN 66215 bzw. DIN 66025 bis zu Istwerten der Achsen, die mit Hilfe von Meßsystemen erfaßt wurden.

Wie in Kapitel 2.3 gezeigt wurde, sind zur Darstellung des Bearbeitungsfortschritts und für die Kollisionskontrolle zusätzlich die **Geometriedaten** aller zu berücksichtigenden Elemente erforderlich. Diese Daten werden von den NC-Grundfunktionen nicht benötigt. Sie müssen daher entweder über geeignete Schnittstellen in die NC eingelesen oder unter Zuhilfenahme eines Editors erzeugt werden /4/.

Unter dem Sammelbegriff **Konfigurierungsdaten** können alle weiteren für die Simulation notwendigen Daten zusammengefaßt werden. In diese Gruppe sind beispielsweise

Informationen über Anzahl und Zusammenhang der Maschinenachsen sowie Listen der verwendeten Werkzeuge und Spannmittel einzuordnen.

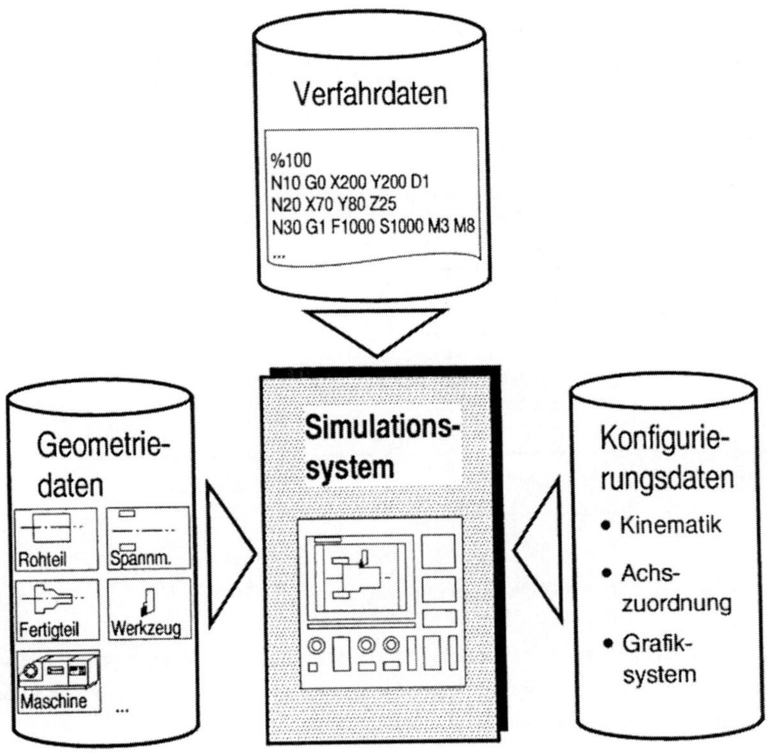

<u>Bild 2.16:</u> Datenversorgung des Simulationssystems

Aus Sicht des Simulationssystems können Konfigurierungs- und Geometriedaten unter dem Begriff **Rüstdaten** zusammmengefaßt werden. Diese Informationen werden vor dem Simulationsstart eingelesen, interpretiert und für die interne Datenhaltung aufbereitet.

Die Klassifizierung in Verfahr-, Geometrie- und Konfigurierungsdaten basiert auf der Art der Informationen. Betrachtet man hingegen, wo und in in welchem Zusammenhang die Daten erstellt werden, so führt dies zu der in Tabelle 2.4 dargestellten bezugsorientierten Klassifizierung.

Art der Daten \ Bezug	Maschinen-bezogene Daten	Werkstück-bezogene Daten
Geometriedaten	Maschinenelemente Arbeitsraum Werkzeuggeometrien Werkzeugkorrekturwerte Spannmittel Schutzzonen	Rohteil Fertigteil (Spannmittel)
Konfigurations-daten	Achsen - Anzahl - Art - Verfahrbereich - Zusammenhang - dynamische Kennwerte	Werkzeugliste Spannmittelliste
Verfahrdaten	(PLC-Programm)	NC-Programm

Tabelle 2.4:   Klassifizierung der für die Simulation benötigten Daten

Alle Informationen, die die Eigenschaften der Fertigungseinrichtung beschreiben, werden dabei unter dem Begriff **Maschinen-bezogene Daten** zusammengefaßt. Sie können vom Hersteller zusammen mit der Maschine ausgeliefert werden.

Im Gegensatz dazu müssen die **Werkstück-bezogenen Daten** vom Anwender erstellt werden. Sie stellen eine Teilmenge der **Jobdaten** dar. Ein **Job** umfaßt alle Arbeitsabläufe, die von der Geometriedefinition über die Teileprogrammerstellung bis hin zur Fertigung eines Werkstücks anfallen. Die Jobdaten umfassen daher auch Daten, die nicht für die NC-Fertigung benötigt werden, wie beispielsweise Auftragsblätter oder Stücklisten. Tabelle 2.4 stellt den Zusammenhang zwischen beiden Klassifizierungsverfahren her.

Die Bewegungen der Elemente einer Werkzeugmaschine können mit Hilfe eines NC-Programms nach DIN 66025 auf zwei Arten gesteuert werden:

- programmierte Achsbewegungen (G-Funktionen) und

- Schaltfunktionen (M-Funktionen).

Bei allen programmierten Achsbewegungen sind steuerungsintern Informationen über Position und Bewegung verfügbar. Anders verhält es sich bei Schaltfunktionen. Hier liegen meist nur ungenügende Daten über Start- und Endpunkt, sowie Bahnverlauf vor. Beispiele dafür sind Spannvorgänge oder Werkzeugwechsel. Sie erfordern daher eine besondere Behandlung in der Simulationsaufbereitung. Da die durch eine Schaltfunktion ausgelösten Bewegungen durch das PLC-Programm bestimmt werden, wurde dieses in Tabelle 2.4 unter der Rubrik Maschinen-bezogene Verfahrdaten aufgenommen, aber in Klammern gesetzt.

2.5 Strukturierung von Simulationssystemen

Da die Verwendbarkeit eines Simulationssystems in unterschiedlichen Systemumgebungen wesentlich durch seine Strukturierung bestimmt wird, sollen im folgenden Anforderungen an die Strukturierung eines Simulationssystems diskutiert und ausgeführte Systeme analysiert werden.

Zuvor werden zur Vermeidung von Mißdeutungen einige in diesem Zusammenhang verwendete Begriffe definiert. Da ein Simulationssystem auf Schnittstellen zur numerischen Steuerung angewiesen ist, damit es mit Daten versorgt werden kann, folgen außerdem Definitionen einiger grundlegender Begriffe im Zusammenhang mit numerischen Steuerungen.

In /47/ werden allgemeine Begriffe der Informationsverarbeitung festgelegt. Zur Beschreibung der System-Struktur werden **Funktionseinheiten** definiert. Unter diesem Begriff wird ein nach Aufgabe und Wirkung abgrenzbares Gebilde verstanden. Ein System von Funktionseinheiten kann wiederum als Funktionseinheit einer höheren Ebene aufgefaßt werden, sodaß eine hierarchische Beschreibung eines Gesamtsystems möglich wird.

Ein **Auftrag** ist die an eine Funktionseinheit gerichtete Forderung, eine bestimmte Leistung zu erbringen. Unter einer **Instanz** versteht man eine Funktionseinheit, die Aufträge erteilt oder erhält, erhaltene Aufträge ablehnt oder annimmt und angenommene Aufträge ganz oder teilweise selbst ausführt, weitergibt oder bei Unausführbarkeit zurückgibt.

Die Instanzen tauschen Informationen mit Hilfe von **Botschaften** aus. Diese enthalten einen Auftrag oder eine Quittierung und, falls notwendig, die zugehörigen Daten in einer vereinbarten Form. Der in /47/ definierte Begriff Nachricht wird hier nicht verwendet, da er nicht auf Auftrag und Quittierung beschränkt ist und daher Mißverständnisse auftreten könnten. Der **Informationsfluß** beschreibt das Fließen von Botschaften zwischen Instanzen.

Die Software numerischer Steuerungen läßt sich unterteilen in System- und Funktionsprogramme, sowie NC-Steuerdaten /48/. Die **Systemprogramme** erfüllen allgemeine Aufgaben, wie beispielsweise Verwaltung, Ablaufsteuerung, Kommunikation oder Datenhaltung, wohingegen **Funktionsprogramme** die NC-spezifischen Aufgaben ausführen. Die **NC-Steuerdaten** enthalten alle teilespezifischen Daten und Fertigungsanweisungen.

Die Funktionsprogramme einer Maschinensteuerung lassen sich, wie in Bild 2.17 dargestellt, den Bereichen Bedienungsdatenverarbeitung, Steuerdatenaufbereitung, Geometrie- und Technologiedatenverarbeitung, sowie der Systemsteuerung zuordnen /49, 50/.

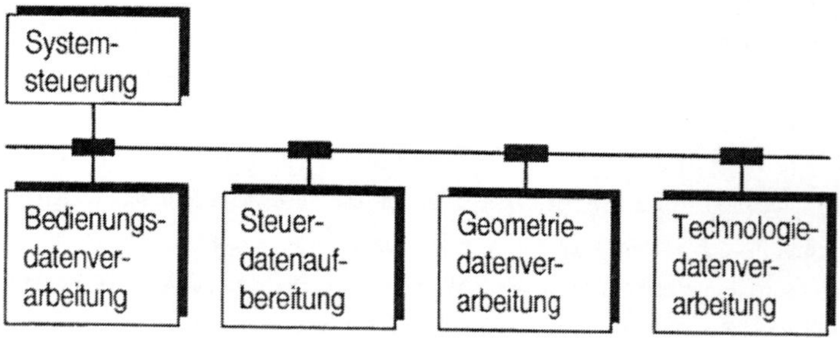

Bild 2.17: Gliederung von Maschinensteuerungsfunktionen

Die **Bedienungsdatenverarbeitung** (BDV) umfaßt alle Funktionen, die für die Mensch-Maschine-Kommunikation benötigt werden /51/. In den Bereich der **Steuerdatenauf-**

bereitung (SDA) fallen Funktionen zur Umwandlung der NC-Steuerdaten von einem durch den Bediener lesbaren Text in ein internes binäres Format. In diesem Zusammenhang erfolgt die Parameterrechnung, werden Unterprogramme und Zyklen aufgelöst, sowie Werkzeugkorrekturwerte und Nullpunktverschiebungen berücksichtigt. Alle Funktionen zur Bewegungserzeugung, wie beispielsweise Interpolation und Lageregelung, gehören zur **Geometriedatenverarbeitung der NC (GEO)** /48/. Im Zusammenhang mit der Simulationsproblematik ist der Begriff Geometriedatenverarbeitung zweideutig, da er auch beim Simulationssystem verwendet wird. Da er in beiden Bereichen eingeführt ist, wird er im Rahmen dieser Arbeit trotzdem für beide Fälle gebraucht, aber durch "der NC" oder "des Simulationssystems" ergänzt, wo Verwechslungen auftreten können. Die **Technologiedatenverarbeitung** (TECHNO) enthält Schaltfunktionen zur logischen Verknüpfung von binären Ein- und Ausgängen. In den Bereich der **Systemsteuerung** fallen Funktionen für die Systeminitialisierung und -diagnose, sowie zur Steuerung des Betriebs nach dem Hochlaufen /52/.

Der Begriff **modular** umschreibt eine hierarchische Systemgliederung in sich abgeschlossener Funktionseinheiten, die untereinander nach wenigen festen Regeln kommunizieren. Von **Konfigurierbarkeit** wird gesprochen, wenn darüberhinaus die Struktur des Systems beim Hochlauf parametergesteuert festgelegt werden kann. **Dynamische Konfigurierbarkeit** liegt vor, wenn eine Strukturänderung auch zur Laufzeit möglich ist /52/. Die **Konfigurierung** umfaßt das Anlegen und Löschen von Instanzen sowie deren gegenseitige Bekanntmachung zum Zwecke des Nachrichtenaustauschs sowohl in der Initialisierungsphase, als auch zur Laufzeit des Simulationssystems.

2.5.1 Anforderungen an die Strukturierung

Viele Steuerungshersteller gliedern ihre Modellpalette nach Leistungsfähigkeit der NC-Hardware und nach Fertigungstechnologien. Bei einem Anbieter entstehen so beispielsweise 37 verschiedene Modellvarianten, die die Fertigungstechnologien Standard- und Mehrschlittendrehbearbeitung, drei- und mehrachsiges Fräsen, Schleifen, sowie die Blechbearbeitung abdecken /53/. Die zugehörigen Maschinen werden teilweise von den gleichen Arbeitskräften programmiert und bedient. Dies wird wesentlich erleichtert, wenn alle Systeme auf dem gleichen Funktionsprinzip basieren und mit einer einheitlichen Bedienphilosophie konzipiert werden. Aus diesem Grund muß der **Familiengedanke**, der sich in dem Wort "Produktfamilie" ausdrückt, auch für das oder die entsprechenden Simulationssysteme gelten. Dies bedingt, daß bei der System-Architektur auf modularen Aufbau, Hardware-Unabhängigkeit und Verwendung von Standards, wo immer dies möglich ist, geachtet werden muß. Die Struktur eines Simulationssystems muß außerdem in gleicher Weise, wie die NC, verschiedene Ausbaustufen vorsehen, um abhängig von der Komplexität des zu simulierenden Prozesses und der verfügbaren Rechenleistung ein geeignetes System bereitstellen zu können.

Jede der oben beschriebenen Steuerungen läßt sich durch Konfigurierung unter Zuhilfenahme von Maschinendaten an verschiedenartige Maschinen anpassen /17/. **Achsgruppen** dienen dazu, im Bahnzusammenhang stehende Achsen zusammenzufassen und mit Hilfe der Kanalstruktur kann eine NC mehrere separate Teilsysteme unabhängig voneinander steuern. Die NC-Programme der einzelnen Kanäle können dabei simultan synchron oder asynchron abgearbeitet werden /53/. Ähnliche Konfigurierungsmöglichkeiten müssen auch für ein Simulationssystem verfügbar sein. Nur so kann gewährleistet werden, daß es an all jene Maschinenkonfigurationen angepaßt werden kann, für die auch die numerische Steuerung einsetzbar ist.

Um zu einem zuverlässigen Simulationsergebnis zu gelangen, ist es notwendig, soweit wie möglich Algorithmen der numerischen Steuerung oder direkte Datenschnittstellen einzusetzen. Dies betrifft insbesondere die Steuerdatenaufbereitung, sowie die Geometriedatenverarbeitung, da in diesen Funktionseinheiten alle mit der Verfahrbewegung verbundenen geometrischen Funktionen der NC enthalten sind. Bei koordinierten Bewegungen mehrerer einzeln gesteuerter Teilsysteme muß auch die Technologiedatenverarbeitung berücksichtigt werden, da diese Funktionseinheit Synchronisationsaufgaben übernimmt. Die Simulation muß auch auf dieselben Maschinen- und Werkzeugdaten zurückgreifen können, die von der NC verwendet werden. Unterschiede können zu Genauigkeitsproblemen und vom realen Prozeß abweichendem Verhalten führen.

Wie schon früher in diesem Kapitel erläutert, sind für die Simulation mit Modellaktualisierung neben Verfahrdaten auch Geometrieinformationen notwendig. Abhängig vom Programmierverfahren stehen einige dieser Daten für der NC-Bearbeitung vorgelagerte Arbeitsschritte bereits zur Verfügung /54/. Die Struktur des Simulationssystems muß für deren Übernahme geeignete Schnittstellen vorsehen, damit Mehrfacheingaben vermieden werden können.

Während eines Simulationslaufs müssen sehr viele Bilddaten generiert werden, um die aktuelle Bearbeitungssituation darzustellen. Aus diesem Grund besitzt die Schnittstelle zwischen Simulationssystem und Bedienungsdatenverarbeitung eine besondere Bedeutung. Sie muß zum einen hardwareunabhängig und flexibel sein, zum anderen jedoch auch den zeitlichen Anforderungen eines Simulationssystems, insbesondere bei 3D-Darstellungen, genügen.

2.5.2 Analyse realisierter Simulationssysteme

Da über die Strukturierung realisierter Simulationssysteme keine Veröffentlichungen seitens der Steuerungshersteller bekannt sind, beruhen zitierfähige Aussagen zu diesem Thema auf wissenschaftlichen Veröffentlichungen oder den Erkenntnissen, die bei der Arbeit am Institut für Steuerungstechnik der Werkzeugmaschinen und Fertigungseinrichtungen gewonnen wurden.

In /4/ wird ein grafikunterstütztes Simulationssystem für komplexe Bearbeitungsvorgänge in numerischen Steuerungen vorgestellt. Die Struktur sieht Funktionseinheiten für Volumenspurgenerator, Durchdringungsdetektor, Modellierer und Visualisierer, sowie Schnittstellen zu den Funktionseinheiten Bedienungs-, Geometrie- und Technologiedatenverarbeitung vor. Die Datenversorgung des Simulationssystems mit Stützpunkten erfolgt über eine Schnittstelle zur Geometriedatenverarbeitung der NC. Sie basiert auf Werkzeugpositionswerten im Maschinenkoordinatensystem (MKS), die zwischen Interpolation und Transformation abgegriffen werden. Zur Darstellung der gesamten Maschinenkinematik wird ferner eine Schnittstelle für die Lagesollwerte der einzelnen Achsen vorgeschlagen. Im Simulationssystem sind keine Transformationen vorgesehen. Es wird vorgeschlagen, die hohe Anzahl der vom Interpolator erzeugten Stützpunkte für das Simulationssystem dadurch zu reduzieren, daß abhängig von Interpolationsart und Werkzeugendpositionen mit Hilfe eines Toleranzschlauchverfahrens Stützpunkte ausgefiltert werden.

Neben diesem System mit seinem allgemeinen, Fertigungstechnologie-unabhängigen Ansatz sind einige Lösungen, die nur bestimmte Fertigungsverfahren abdecken, bekannt. So findet sich beispielsweise in /25/ die Beschreibung eines Systems zur grafisch dynamischen Simulation des Bearbeitungsvorganges für Doppelschlittendrehmaschinen.

Besonderer Wert wurde dabei auf geringste Anforderungen an die Hardware der NC gelegt. Eine ähnliche Zielsetzung wird auch in /55/ verfolgt.

In /40/ wird ein System vorgestellt zum 3D-Echtzeitkollisionsschutz für Drehmaschinen. Schwerpunkt ist hier die Online-Kollisionskontrolle, nicht die Visualisierung der Daten. Das System ist abgestimmt auf eine Hardwareerweiterung der NC um eine Mehrprozessorbaugruppe.

Ein System zur grafisch-dynamischen Simulation von Bohr- und Fräsbearbeitungen wird in /56/ beschrieben. Besondere Berücksichtigung finden dabei die Beschreibung der Spannsituation, sowie die Geometrieeingabe mittels eines 3D-Editors.

Auch für Industrieroboter sind eine Reihe von Simulationssystemen bekannt /57, 58/. In /59/ ist ein System zur Robotersimulation beschrieben, das neben der Bewegungsdarstellung auch eine Simulation des dynamischen Systemverhaltens erlaubt. Die grafische Simulation basiert auf einem CAD-Modell und kann in der Arbeitsvorbereitung eingesetzt werden.

Außer bei der ersten Lösung sind die Strukturen der Simulationssysteme eng mit der jeweiligen Aufgabenstellung und dem Zielsystem verknüpft. Auf die Konfiguration eines Simulationssystems zur Anpassung an eine bestimmte Maschine wird in keiner Lösung eingegangen. Außerdem fehlen Untersuchungen, welche NC-Funktionseinheiten unter welchen Randbedingungen eingesetzt werden können, bzw. wo simulationsspezifische Nachbildungen verwendet werden müssen.

2.6   Zielsetzung

Wie in den vorangegangenen Kapiteln gezeigt wurde, existieren Simulationssysteme für eine Vielzahl von Fertigungsverfahren, sind jedoch in der Strukturierung stark an die jeweiligen Aufgaben und Zielsysteme angepaßt. Es sind keine Lösungen bekannt, die für eine breite Palette von Bearbeitungstechnologien eingesetzt werden könnten. Außerdem fehlen bei existierenden Simulationssystemen geeignete Konfigurierungsmöglichkeiten zur Anpassung an die aktuelle Steuerungs- und Maschinenumgebung.

Im Bereich der Geometriedatenverarbeitung sind sowohl für die 2D-, als auch für die 3D-Modellierung effiziente Verfahren, die auch für einen Einsatz in einem Simulationssystem geeignet sind, bekannt. Die Verfügbarkeit von preiswerten Prozessoren mit 32-Bit Technologie und Speicherbausteinen haben dazu geführt, daß die Leistung moderner Steuerungssysteme ausreicht, um diese Verfahren auch innerhalb der NC einsetzen zu können.

Gegenstand dieser Arbeit soll daher sein, ein Systemkonzept für ein modulares und konfigurierbares Simulationssystem für Bearbeitungs- und Handhabungsvorgänge zu entwerfen. Besonderer Wert muß dabei auf die hierarchische Gliederung in Funktionseinheiten, sowie die Definition der Schnittstellen gelegt werden. Mehrere aufwärtskompatible Leistungsstufen sollen definiert werden, die sowohl die 2D-, als auch die 3D-Geometriemodellierung abdecken. Technologieabhängige oder optionale Funktionalitäten müssen von Grundfunktionalitäten getrennt werden, um eine hohe Flexibilität zu erreichen. Die Strukturierung muß eine einfache Anpassung an unterschiedliche Zielsysteme erlauben.

Wie schon dargestellt wurde, benötigt die Simulation Daten von der NC oder dem Programmiersystem. Die Schnittstellen zwischen den Funktionseinheiten numerischer Steuerungen, an denen diese Daten abgegriffen werden müssen, wurden bis heute noch nicht standardisiert. Aktuelle Forschungsprojekte haben zum Ziel, eine herstellerunabhängige Referenzarchitektur für Steuerungssysteme zu definieren, sowie Standards für den Datenaustausch zwischen den Funktionseinheiten einer Steuerung zu schaffen /60/. Da bis zur Markteinführung von auf diesen Standards basierenden Systemen noch einige Zeit vergehen wird, und der angestrebte Standard Steuerungs-externe Programmiersysteme nicht einschließt, sind bei der Konzeption des Simulationssystems Zielsystemunabhängige Funktionseinheiten streng von solchen zu trennen, bei denen möglicherweise Anpassungen vorgenommen werden müssen. Alle vom Zielsystem unabhängigen Funktionsprogramme sollen daher in einer Funktionseinheit **Simulationssystemkern (SIMK)** zusammengefaßt werden.

Funktionsprogramme numerischer Steuerungen lassen sich in Grundfunktionen und erweiternde Funktionen unterteilen /61/. Die erste Gruppe umfaßt die Funktionen, die in ähnlicher Form in jeder NC vorhanden sein müssen. In diese Gruppe sind Grundfunktionen der Bedienungsdatenverarbeitung, die Steuerdatenaufbereitung, die Geometriedatenverarbeitung und die Technologiedatenverarbeitung einzuordnen. In der anderen Gruppe finden sich Funktionsprogramme, die den Komfort der Bedienungsdatenverarbeitung für den Anwender erhöhen, beispielweise aus den Bereichen Programmie-rung, Simulation, Kommunikation und Diagnose.

Diese Unterteilung kann sich auch in der Hardwarestruktur numerischer Steuerungen niederschlagen. Während die Ausführung für die Serienproduktion, bei der keine Pro-gammierung an der Maschine stattfindet, mit einer weniger aufwendigen und daher billi-geren Bedienbaugruppe versehen wird, werden die Steuerungen für Kleinserienfertigung und Werkstattprogrammierung mit einem intelligenten und leistungsfähigen Bedienfeld ausgerüstet /62/. Die Grundfunktionsprogramme und die zugehörige Hardware sind dabei jeweils identisch. Im Bereich des Bedienfelds kommen bei den verschiedenen Varianten eines Steuerungssystems unterschiedliche Betriebssysteme und Grafikschnitt-stellen zum Einsatz /63/.

Aus diesem Grund ist es notwendig, die Zielsystem-abhängigen Funktionsprogramme nochmals zu unterteilen. Die Funktionsprogramme, die zur Anbindung des Simulations-systemkerns an die Grundfunktionsprogramme einer Steuerung notwendig sind, sollen in einer Funktionseinheit **Steuerdatenaufbereitung des Simulationssystems** (SIMSDA) zusammengefaßt werden. Die Funktionseinheit **Bedienungsdatenaufberei-tung des Simulationssystems** (SIMBDA) soll zur Anpassung des Simulationssystems an die Bedienungsdatenverarbeitung benutzt werden. Die Definition eines System-konzepts für ein Simulationssystem auf der Basis der beschriebenen und in Bild 2.18 dargestellten Funktionseinheiten soll die Zuordnung der Funktionsprogramme sowie die Definition der internen Schnittstellen enthalten.

Der Begriff **Abhängigkeit** darf in diesem Zusammenhang nicht so verstanden werden, daß die betroffenen Funktionseinheiten für jedes Zielsystem neu erstellt werden müssen. Er bezieht sich stattdessen auf die Aufgaben, die die Funktionseinheiten zur erfüllen haben. Diese variieren in Abhängigkeit von den verfügbaren Schnittstellen des Ziel-systems.

Das Systemkonzept soll für ein breites Spektrum von Fertigungsverfahren einsetzbar sein. Besonderer Wert muß auf die Bearbeitungstechnologien Drehen, Bohren, Fräsen und Schleifen gelegt werden, da auf sie rund 80% der NC-gesteuerten Werkzeug-maschinen entfallen /17/.

Zur Vermeidung von Abweichungen zwischen dem Simulationsergebnis und dem des realen Prozesses muß angestrebt werden, mit den Daten und Algorithmen der numerischen Steuerung zu arbeiten, wo immer dies möglich ist. Im Rahmen dieser Arbeit soll daher analysiert werden, wo direkt auf Daten der numerischen Steuerung zugegriffen werden kann, wo Funktionsprogramme übernommen werden können, aber beispielsweise andersartig parametrisiert werden müssen bzw. wo prinzipbedingt immer eigene Algorithmen für das Simulationssystem notwendig sind.

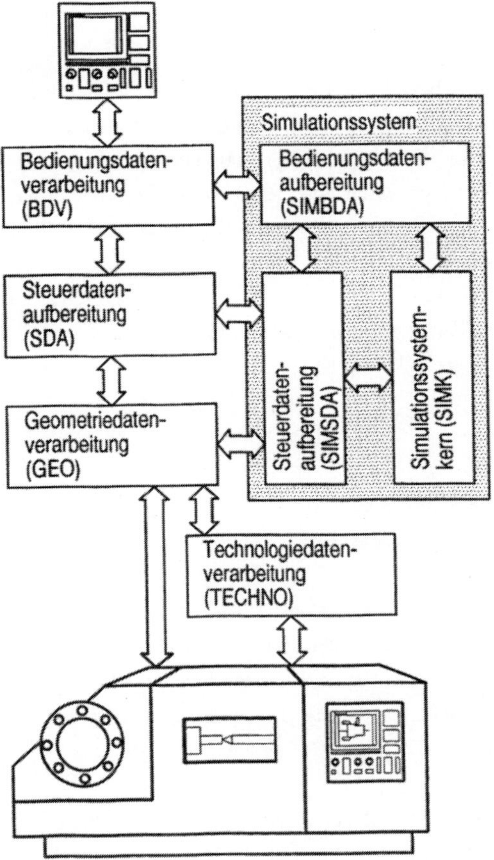

<u>Bild 2.18:</u> Grundlegende Strukturierung und Schnittstellen eines Simulationssystems

3   Konzeption eines modularen und konfigurierbaren Simulationssystems

Bevor eine detaillierte Strukturierung hergeleitet werden kann, soll analysiert werden, wie die Schnittstellen des Simulationssystems gestaltet werden müssen, um zu einem optimalen Informationsfluß zu gelangen. Für die Umsetzung des Systemkonzepts in eine Realisierung ist darüber hinaus eine Software-Architektur zu erarbeiten.

3.1   Schnittstellen zum Zielsystem

In Kapitel 2.4 wurde hergeleitet, daß die für die Versorgung des Simulationssystems notwendigen Daten in Verfahr-, Konfigurierungs- und Geometriedaten unterschieden werden können. Wie am Beispiel der Verfahrdaten gezeigt wurde, decken alle drei Datentypen ein breites Spektrum möglicher Darstellungsformen ab. Nachfolgend soll daher für jeden Datentyp untersucht werden, welche für ein Simulationssystem am besten geeignet sind.

Zum Zwecke der Visualisierung müssen vom Simulationssystem Grafikdaten generiert werden. Auch für diese Schnittstelle sollen Darstellungsformen auf ihre Eignung untersucht werden.

3.1.1   Verfahrdaten aus Steuerdatenaufbereitung und Geometriedatenverarbeitung

Die Versorgung des Simulationssystems mit Verfahrdaten ist von zentraler Bedeutung für die Konzeption des gesamten Systems. Da die Verfahrdaten während des Simulationsablaufs unter Echtzeitbedingungen bereitgestellt werden müssen, stellen sie die höchsten Anforderungen an die Kommunikation und Synchronisation mit den Funktionsblöcken der NC.

In diesem Zusammenhang ist zuerst zu klären, ob die oben genannten Funktionseinheiten der NC ohne Modifikationen für die Datenversorgung der Simulation verwendet werden können und an welcher Stelle die Verfahrdaten gegebenenfalls abgegriffen werden müssen. Bild 3.1 stellt den prinzipiellen Informationsfluß der Bewegungsanweisungen in der NC dar.

Die Generierung von Achsverfahrinformationen aus NC-Programmen geschieht in den beiden NC-Funktionseinheiten Steuerdatenaufbereitung und Geometriedaten-verarbeitung. Dabei werden die im folgenden beschriebenen Schritte nacheinander durchlaufen. Die Dekodierung dient zur Umwandlung von NC-Programmen, die in Form von Textdateien vorliegen, in ein internes, binäres Datenformat. Danach werden Unterprogramme und Zyklen aufgelöst, sowie Parameterrechnungen vorgenommen. Außerdem erfolgen Nullpunktverschiebung, sowie gegebenenfalls weitere Transforma-tionen im Raumkoordinatensystem, wie beispielsweise zur Spannlagenkorrektur. Im Rahmen der Werkzeuggeometriekorrektur werden aktuelle Längen, Durchmesser und Schneidenradien eingerechnet und Übergangssätze eingefügt. Nach Durchlaufen der Steuerdatenaufbereitung liegen die Verfahrdaten in Form von sogenannten Mikrosätzen vor. Diese enthalten nur noch elementare Verfahranweisungen, wie beispielsweise Linear- und Zirkularsätze oder Splines und können direkt interpoliert werden. Bis zu diesem Schritt können alle Berechnungen durch FIFOs zeitlich entkoppelt vom Echt-zeitteil durchgeführt werden.

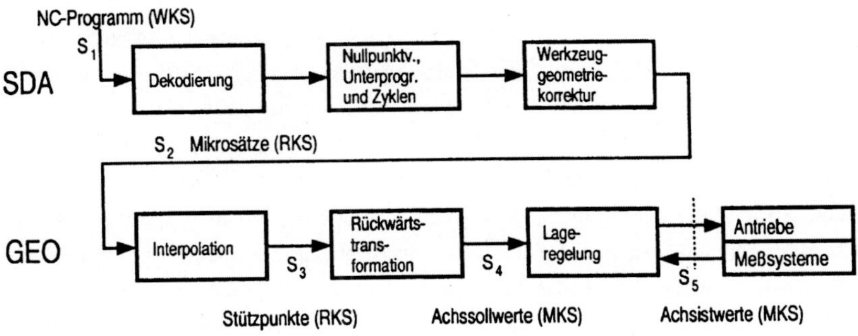

<u>Bild 3.1:</u>   Mögliche Schnittstellen zur Versorgung des Simulationssystems mit Verfahrdaten

In der Funktionseinheit Geometriedatenverarbeitung folgt die Interpolation. Sie liefert Stützpunkte, deren räumlicher Abstand von der programmierten Geschwindigkeit und dem Zeitintervall dt für einen Interpolationszyklus abhängt. Zur Erhöhung der Genauig-keit wird die Rückwärtstransformation von Raum- in Maschinenkoordinaten meist nach der Interpolation durchgeführt. Mit Hilfe der Lageregelung werden die einzelnen Achsen schließlich auf die Lagesollwerte positioniert. Darüberhinaus können weitere Funktionseinheiten, beispielsweise für Bahnplanung, Vorsteuerung oder Bahnregelung, vorhanden sein. Diese wirken wie Filter, da sie an Art und Darstellungsform der Daten nichts ändern. Aus diesem Grund können sie bei der Untersuchung der Schnittstellen unberücksichtigt bleiben.

Wenn von der NC keinerlei geeignete Eingriffsmöglichkeiten angeboten werden, muß die Versorgung des Simulationssystems mit Verfahrdaten auf der Basis des NC-Programms (Schnittstelle S_1) erfolgen. Dies macht eine vollständige Nachbildung der NC-Funktionsprogramme für die Bewegungserzeugung erforderlich. Bei einer derartigen Lösung sind Abweichungen vom realen Verhalten durch Implementierungsunterschiede zwischen NC und Nachbildung sehr wahrscheinlich.

Die Schnittstellen S_4 und S_5 stellen das andere Extrem dar. Da alle NC-Funktionen genützt werden, sind mit derartigen Lösungen die besten Ergebnisse im Hinblick auf Übereinstimmung mit der Realität zu erzielen. Auf Achsistwerte kann nur bei der On-line Simulation zurückgegriffen werden, da nur bei laufender Maschine Daten von den Meßsystemen zur Verfügung stehen. Für die Überprüfung vorab ist die Schnittstelle S_5 also nicht direkt verwendbar. Im Gegensatz dazu ist die Schnittstelle S4 auch im Off-line Betrieb einsetzbar. Dabei werden die dynamischen Eigenschaften der Maschine allerdings nicht berücksichtigt, was bei der Bearbeitung mit hohen Geschwindigkeiten zu nicht tolerierbaren Fehlern führen kann. Eine Verbesserung läßt sich hier durch ein Modell der Regelstrecke und die Verwendung von geschätzten Istwerten erreichen /59, 64/. Sowohl bei der Schnittstelle S_4 als auch bei S_5 liegen die Stützpunkte im Maschinenkoordinatensystem vor. Dies entspricht im allgemeinen nicht dem der Simulation zugrunde liegenden kartesischen Koordinatensystem. Aus diesem Grund muß bei Verwendung dieser Schnittstellen im Simulationssystem eine Vorwärtstransformation vorgenommen werden.

Werden die Daten unter Verwendung der Schnittstelle S_3 nach der Interpolation abgegriffen, kann eine direkte Transformation in das kartesische Koordinatensystem der Simulation vorgenommen werden. Diese Schnittstelle hat gegenüber S_1 und S_2 den Vorteil, daß keine Abweichungen vom realen Prozeß in Bezug auf die Synchronisation unterschiedlicher Bewegungen mehr auftreten können, da die entsprechenden Mechanismen bereits bei der Interpolation berücksichtigt werden.

Die Darstellung von Maschinenbewegungen ist bei Verwendung dieser Schnittstelle nicht ohne weiteres möglich, da ohne Rückwärtstransformation nur Informationen über

die Position des Werkzeugs, nicht jedoch über die Positionen der einzelnen Maschinenachsen vorliegen. Aus diesem Grund ist die Schnittstelle S_3 für die Simulation weniger
geeignet.

Gemeinsames Merkmal der Schnittstellen S_3 bis S_5 ist die hohe anfallende Datenmenge,
da die Funktionen der Geometriedatenverarbeitung mit fester Zykluszeit, üblicherweise
in der Größenordnung von wenigen Millisekunden oder Bruchteilen davon, durchlaufen
werden. Maßstab für ein Simulationssystem ist jedoch die für einen Betrachter aus-
reichende Bildwiederholfrequenz. Eine für das menschliche Auge ruckfrei erscheinende
Darstellung erfordert rund 50 Bilder pro Sekunde, was einer Simulationszykluszeit von
20 ms entspricht. Diese Zeit ist auch für eine Kollisionskontrolle auf der Basis der von
den Körpern im Zeitabschnitt durchlaufenen Volumen ausreichend, da selbst bei einer
Verfahrgeschwindigkeit von 5 m/min eine Wegstrecke von lediglich 1,67 mm zwischen
zwei diskreten Stützpunkten zurückgelegt wird. Es ist daher sinnvoll, eine Reduktion der
Datenmenge vorzusehen. Diese kann entweder durch ein Filter, oder durch eine zweite,
langsamer getaktete Instanz der Funktionseinheit Geometriedatenverarbeitung erreicht
werden. Eine Gegenüberstellung beider Lösungen zeigt Bild 3.2.

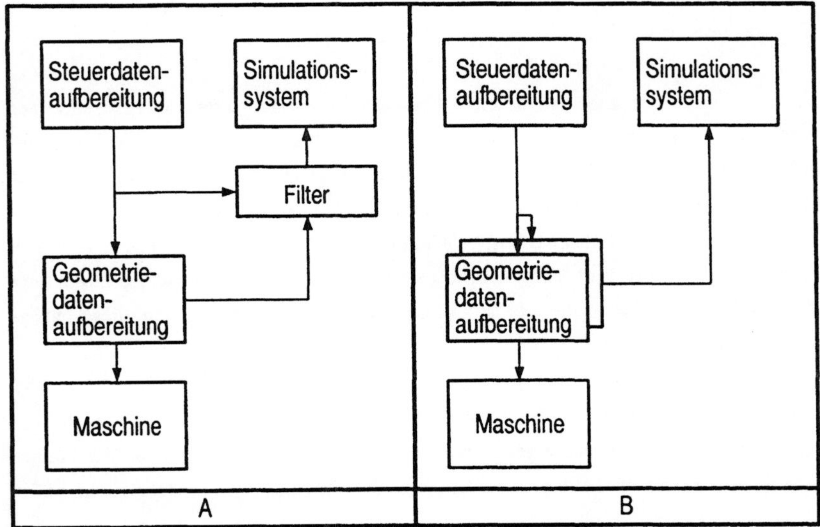

Bild 3.2:   Datenreduktion mit Filter (A) oder verschieden parametrisierten
Funktionseinheiten Geometriedatenverarbeitung (B)

Die Realisierung eines Filters ist aufwendig, da nicht bekannt ist, welche Punkte auf keinen Fall verworfen werden dürfen, da sie beispielsweise das Satzende markieren. Die Lösung B verwendet ausschließlich Algorithmen der NC. Aus diesem Grund ist sie der ersten Lösung vorzuziehen. Sie wird im folgenden als **Simulationskanal** der NC bezeichnet. Voraussetzung für deren Verwendung ist, daß die Synchronisation beider Kanäle gewährleistet werden kann.

Bei der gewählten Lösung können die Schnittstellen S_4 oder S_5 verwendet werden. Die Auswahl hängt davon ab, ob ein Modell der Regelstrecke vorliegt und die dynamischen Eigenschaften der Maschine berücksichtigt werden sollen.

3.1.2 Verfahrdaten aus der Technologiedatenverarbeitung

Aufgabe der Funktionseinheit Technologiedatenverarbeitung ist die Steuerung von Schaltfunktionen. Nach DIN 66025 können diese mit Hilfe der Adressbuchstaben M und T programmiert werden. Während T-Funktionen ausschließlich für den Werkzeugwechsel verwendet werden, können mit Hilfe von M-Funktionen sehr unterschiedliche Aktionen initiiert werden.

Viele M-Funktionen bereiten für eine Simulation keine Probleme, weil sie entweder keine zu simulierenden Bewegungen zur Folge haben oder aber in den Funktionseinheiten SDA und GEO berücksichtigt werden. Beispiele dafür sind "Programmierter Halt", "Programmende", oder "Kühlmittel ein". Im Gegensatz dazu werden durch M-Funktionen wie "Werkstückwechsel", "Klemmen" oder "Fertigteil abführen", wie auch durch T-Funktionen, Bewegungen initiiert, die nicht durch die Steuerung interpoliert werden. Insbesondere für die Kollisionskontrolle kann es notwendig sein, diese modellieren zu können.

Die Technologiedatenverarbeitung bietet heute dem Steuerungsanwender auch eine Reihe von Möglichkeiten, eigene Funktionen einzubringen. Beispielsweise können eigene M-Funktionen definiert werden, um Zusatzaggregate anzusteuern. In vielen Fällen existieren innerhalb der Steuerung weder Verfahrdaten noch Informationen über die Art der Bewegungserzeugung.

Wenn die Endposition einer Bewegung bekannt ist, beispielsweise in Form einer Schaltstellung bei einem Werkzeugrevolver, und Näherungen für den Geschwindigkeitsverlauf über der Zeit gefunden werden können, dann ist es verhältnismäßig einfach möglich, approximierte interpolierte Verfahrdaten zu erzeugen. In einem solchen Fall könnte eine Instanz der FE Geometriedatenverarbeitung zur Erzeugung der Verfahrdaten eingesetzt werden.

Problematisch sind jedoch Bewegungen, bei denen die Endposition unbekannt ist, weil beispielsweise solange verfahren wird, bis ein bestimmter Druck in einem Hydraulik- oder Pneumatikzylinder aufgebaut wurde. Ein solcher Fall liegt beim Anfahren einer Pinole an ein Werkstück vor. Ohne Kenntnis der Werkstückgeometrie ist es nicht möglich, die Endposition zu bestimmen. Abhilfe läßt sich in diesem Fall nur im Zusammenspiel mit dem Simulationssystem schaffen, indem verfahren wird, bis eine Berührung der Geometrien erfolgt.

Diese Beispiele zeigen, daß keine allgemeine Schnittstelle für die Übernahme von Verfahrdaten von der Funktionseinheit Technologiedatenverarbeitung definiert werden kann. Durch Ausnützung der Funktionalitäten von Geometriedatenverarbeitung der NC und Simulationssystem sind jedoch angepaßte Näherungslösungen möglich.

3.1.3 Geometriedaten

Für eine vollständige Simulation von Bearbeitungsvorgängen müssen die Geometriedaten von Roh- und Fertigteil, Werkzeugen und Spannmitteln, sowie allen starren und bewegten Maschinenelementen bekannt sein. Zu Überwachungszwecken werden außerdem Daten über Lage und geometrische Gestalt von Arbeitsraum und Schutzzonen benötigt.

Eine Analyse zeigt, daß in Abhängigkeit von der Zielsetzung, die mit dem Einsatz des Simulationssystems verfolgt wird, auf bestimmte Geometrieinformationen verzichtet werden kann. Den Zusammenhang zwischen notwendigen Geometriedaten und Einsatzbereichen stellt Tabelle 3.1 dar. Soll beispielsweise der Fertigungsfortschritt dargestellt, jedoch keine Kollisionsbetrachtung durchgeführt werden, sind keine Daten von Maschinenelementen notwendig. In gleicher Weise kann auf die Fertigteilbeschreibung verzichtet werden, wenn keine Überprüfung auf Konturverletzungen erfolgen soll. Den

Extremfall stellt eine Animation mit reiner Darstellung des Werkzeug-Verfahrwegs durch Linien dar. Für diese Betriebsart sind keinerlei Geometriedaten notwendig.

Einsatzzweck des Simulationssystems \ Art der Geometrie	Rohteil	Fertigteil	Werkzeuge	Spannmittel	Maschinen-elemente	Arbeitsraum	Schutzräume
Kontrolle der Verfahrbewegung							
Kontrolle des Fertigungsfortschritts	●		●				
Überprüfung auf Konturverletzung	●	●	●				
Kollisionskontrolle	●		●	●	●		
Überwachung von Arbeits- und Schutzräumen			●		●	●	●

<u>Tabelle 3.1:</u>   Erforderliche Geometriedaten in Abhängigkeit vom Einsatzzweck des Simulationssystems

Da mit Ausnahme von Werkzeugdaten keine Geometriedaten für die NC-Fertigung benötigt werden, stehen diese im Regelfall in der NC auch nicht zur Verfügung. Eine Ausnahme bilden Steuerungen mit integrierten WOP-Systemen. Da für die Programmierung Roh- und Fertigteilgeometrie bekannt sein müssen, können diese Daten auch für die Simulation verwendet werden.

Für alle anderen Geometriedaten ist eine Geometrieschnittstelle vorzusehen, um Informationen von übergeordneten Systemen übernehmen zu können und damit Redundanz zu vermeiden. Zur Eingabe von Daten an der Steuerung muß außerdem ein Editor vorgesehen werden.

Für die Geometrieschnittstelle des Simulationssystems kommen verschiedene Beschreibungsformen in Betracht. Diese unterscheiden sich teilweise von den in Kapitel 2.3.3 beschriebenen Geometriemodellen, da wichtigste Kriterien nicht die Eignung für schnelle Modellierung und Visualisierung, sondern einfacher Aufbau, geringe Datenmenge und universelle Verwendbarkeit sind.

Von Sweepkörpern spricht man, wenn, wie in Bild 3.3 dargestellt, aus einer zweidimensionalen Kontur durch Verschiebung entlang eines Vektors v (Translation) oder Drehung um einen Winkel w (Rotation) dreidimensionale Geometrieobjekte entstehen /32/. Durch die Ableitung der Geometrie aus einer 2D-Kontur eignen sie sich besonders gut für die Anbindung an WOP-Systeme mit deren Konturzugprogrammierung /9, 10/. Auf diese Art lassen sich insbesondere Drehteile, aber auch 2 1/2 achsig zu bearbeitende Frästeile, sowie Werkzeuge sehr gut beschreiben.

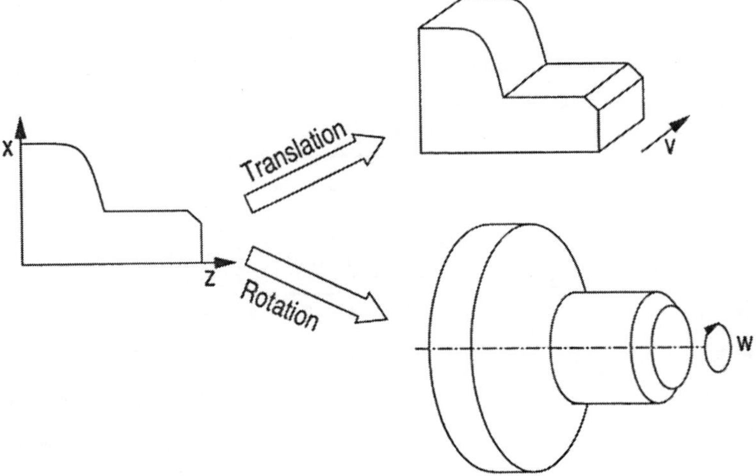

<u>Bild 3.3:</u>   Rotatorisches und translatorisches Sweeping

Während die Geometriedaten von Roh- und Fertigteil, sowie von Werkzeugen und Spannmitteln oft von übergeordneten Systemen übernommen werden können, müssen Maschinenelemente, Arbeitsraum und Schutzzonen häufig extra für die Simulation eingegeben werden. Parametrisierbare Grundkörper, wie Quader, Zylinder, Prisma, Pyramide, Kegel oder Kugel sind für diesen Zweck besonders geeignet /20/.

Standardisierte Geometrieschnittstellen, wie IGES, VDA-FS oder STEP /30, 65, 66/ sind nur bedingt geeignet, da sie zwar einen sehr großen Funktionsumfang bieten, daher aber auch entsprechend leistungsfähige und umfangreiche Preprozessoren erfordern, um von der Beschreibung zu einem rechnerinternen Modell zu gelangen.

Die Verwendung derartiger Daten läßt sich trotzdem über einen Umweg ermöglichen. Viele 3D-CAD Systeme können aus ihrem internen Modell 3D-Flächenlisten erzeugen. Diese Darstellung entspricht der Approximation eines Körpers durch einen Polyeder.

Betrachtet man die in Tabelle 3.2 dargestellten Merkmale, so stellt man zum einen fest, daß die Verwendung einer standardisierten Geometrieschnittstelle aus dem CAD-Bereich wegen des hohen Aufwands für einen entsprechenden Schnittstellenprozessor nicht möglich ist. Andererseits kann aber auch keine der anderen Beschreibungsformen alle Anforderungen abdecken. Daher ist die Beschränkung auf eine einzige Beschreibungsform nicht möglich. Stattdessen ist es sinnvoll, für die Geometrieschnittstelle des Simulationssystems die Beschreibungsformen Sweepkörper, parametrisierbare Grundkörper und Flächenlisten vorzusehen.

Merkmal Beschreibungsform	Anbindung an WOP-Systeme	Anbindung an 2D CAD-Syst.	Anbindung an 3D CAD-Syst.	Interaktive Eingabe	interne 2D - Modellierung	interne 3D - Modellierung	Aufwand für Schnittstelle
Sweepkörper	●	●	○	●	●	●	●
param. Grundkörper	◑	◑	◑	●	◑	●	●
Flächenliste	○	○	●	○	○	●	●
allg. CAD - Schnittstelle	○	◑	●	○	○	●	○

● gut geeignet
◑ weniger gut geeignet
○ nicht geeignet

Tabelle 3.2: Eignung verschiedener geometrischer Beschreibungsformen für die Geometrieschnittstelle eines Simulationssystems

Die Beschreibung durch Sweepkörper ist notwendig, um eine Anbindung an 2D-CAD oder -WOP Systeme zu ermöglichen. Parametrisierte Grundkörper erlauben eine einfache interaktive Eingabe von 3D-Geometrien. Zur Beschreibung von komplexen Körpern sind Flächenlisten geeignet, da diese einfach aus beliebigen 3D-CAD Beschreibungsformen generiert werden können.

3.1.4 Konfigurierungsdaten

Die Konfigurierungsdaten lassen sich in zwei Gruppen unterteilen:
- Konfigurierungsdaten für das Zielsystem und
- Konfigurierungsdaten für das Simulationssystem.

Zielsystem kann eine NC oder ein Programmiersystem sein. Da auch beim Einsatz des Simulationssystems in einem Programmiersystem das Verhalten der NC nachgebildet werden muß, ist es ausreichend, die Konfigurierungsdaten der NC zu betrachten. Diese werden **Maschinendaten der** NC genannt und dienen zur Anpassung der NC an die Werkzeugmaschine. Beschrieben werden Art, Anzahl, topologischer Zusammenhang und Parametrisierung von NC-Baugruppen, Kanälen, Achsen und Spindeln /67/.

Die Baugruppen-spezifischen Informationen dienen im wesentlichen deren gegenseitigem Bekanntmachen. Sie sind daher für das Simulationssystem unbedeutend. Die übrigen Daten ermöglichen die Parametrisierung der NC Grundfunktionen. Die Schnittstelle für Verfahrdaten bestimmt bei einigen Maschinendaten, ob sie für das Simulationssystem von Relevanz sind. Bei Verwendung der Schnittstellen S_3, S_4 oder S_5 sind beispielsweise Parameter für Art der Werkzeugkorrektur, Kreisendpunktüberwachung oder Werkzeugwechselposition unbedeutend, da sie in den Verfahrdaten bereits berücksichtigt sind.

Für das Simulationssystem wichtig sind dagegen die Informationen über Anzahl und Art von Achsen und deren Zuordnung zu NC-Kanälen. Die Achsen eines NC-Kanals können im Bahnzusammenhang verfahren werden und steuern jeweils ein Werkzeug, einen Revolver oder eine Handhabungseinrichtung. Die Kenntnis der Achskonfiguration ist daher für die Volumenspurerzeugung notwendig.

Bis heute gibt es keinen Standard, der Art und Darstellung der Maschinendaten beschreibt. Aus diesem Grund müssen Maschinendaten entweder für die Simulation ein zweites mal eingegeben oder mit einem NC-spezifischen Anpaßprogramm gelesen werden. Zur Vermeidung von Redundanz ist die zweite Lösung vorzuziehen. Sie setzt jedoch das Vorhandensein von Schnittstellen zu den Funktionseinheiten GEO bzw. SDA voraus.

Im Gegensatz zu den Maschinendaten können die Konfigurierungsdaten des Simulationssystems frei festgelegt werden, da kein Datenaustausch mit dem Zielsystem erfolgt. Sie dienen zur Speicherung von Daten, die unabhängig vom zu bearbeitenden Werkstück sind. Insbesondere der Wunsch nach individueller Gestaltung der Bedienoberfläche führt zu einer Fülle von Konfigurierungsdaten für die Bedienungs-datenaufbereitung. Mit ihrer Hilfe lassen sich Linien-, Flächen- oder Hintergrundfarben, Abbildungsparameter oder Anzahl der dargestellten Fenster einstellen, um nur einige Beispiele zu nennen.

Darüberhinaus sind auch für den Simulationssystemkern einige Konfigurierungsdaten notwendig. Zu ihnen gehören unter anderem der relative Fehler, der angibt, mit welcher Genauigkeit gekrümmte Oberflächen nachgebildet werden, und Listen der für Modellie-rung oder Kollisionstest zu berücksichtigenden Geometriedaten.

3.1.5   Grafikdaten

Die Darstellung der rechnerinternen Modelle auf einer grafischen Ausgabeeinheit erfolgt, indem vom Simulationssystem Grafikdaten erzeugt und an ein Grafiksubsystem geschickt werden. Unter einem **Grafiksubsystem** wird im Rahmen dieser Arbeit eine Einheit, bestehend aus Hard-, Firm- und Software, verstanden, die Daten über eine fest-gelegte Grafikschnittstelle erhält und daraus Bilder auf einer grafischen Ausgabeeinheit erzeugt. Durch diese Definition ist es für die Applikation unbedeutend, welche Auf-gaben durch Hard- oder Software gelöst werden, solange die Grafikschnittstelle unver-ändert bleibt.

Die Funktionen einer Grafikschnittstelle lassen sich im wesentlichen in zwei Gruppen unterteilen:
- Setzfunktionen und
- Ausgabefunktionen.
Hinzu kommen bei einigen Schnittstellen Hilfsfunktionen zur Fehlerbehandlung, zum Abfragen des inneren Zustands oder für Dateioperationen.

Die Setzfunktionen wirken modal und dienen dazu, die Attribute des Grafiksubsystems und damit dessen inneren Zustand zu verändern. Sie haben im Gegensatz zu den

Ausgabefunktionen keine direkten Bildausgaben zur Folge. Die Tabelle 3.3 zeigt einige Funktionen einer Grafikschnittstelle und deren Zuordnung zu den genannten Klassen.

Zur Erhöhung der Portierbarkeit von grafischen Applikationen wurden verschiedene Schnittstellen für die Grafikausgabe genormt. Im CAD-Bereich zeichnet sich nach GKS, GKS-3D und PHIGS nun ein Trend zu PHIGS+ ab. Außerdem haben Industriestandards, wie beispielsweise die Graphics Library von Silicon Graphics, eine erhebliche Bedeutung erlangt /68/. In der NC sind 3D-Grafikschnittstellen heute in der Regel noch nicht verfügbar. Auch bei neu vorgestellten Steuerungssystemen werden 2D-Grafikschnittstellen, wie beispielsweise VDI /69/ oder X-Window /70/, eingesetzt.

Funktionsgruppe	Beispiele für Funktionen
modale Setzfunktionen	Schriftart Schriftgröße Schriftfarbe Linienart Linienbreite Linienfarbe Füllart Füllmuster Füllfarbe Hintergrundfarbe Transformationsmatrix Viewport
Ausgabefunktionen	Rechteck Kreis Bogen Polylinie Polygon Text

Tabelle 3.3:   Klassifizierung der wichtigsten Funktionen von Grafikschnittstellen

Die Lösung des Problems stark unterschiedlicher Grafikschnittstellen im CAD/CAM-Bereich bzw. in der NC kann prinzipiell auf zwei Arten erfolgen. Bei der einen Lösungsvariante wird eine zielsystemabhängige Funktionseinheit zur Umsetzung eines internen 3D-Formats auf die jeweilige Grafikschnittstelle vorgesehen. Von Vorteil ist dabei, daß die Leistungsfähigkeit des Grafiksubsystems voll ausgenutzt werden kann. Nachteilig ist allerdings, daß die Entwicklung von Prozessoren gerade bei 2D-Grafiksubsystemen einen erheblichen Aufwand bedeutet.

Eine andere Lösungsmöglichkeit besteht darin, die Grafikschnittstelle auf die Schnittmenge der Funktionalitäten der verschiedenen genormten Grafikschnittstellen zu beschränken. Dies würde einen Verzicht auf 3D-Elemente notwendig machen. Dadurch müßten alle 3D-Operationen innerhalb des Simulationssystems durchgeführt und auf 2D-Ausgaben abgebildet werden.

Die zweite Lösung ist zu wenig zukunftsorientiert, da sie nicht erlaubt, die fortschreitende Entwicklung gerade auch im Grafikhardwarebereich zu nützen. Aus diesem Grund ist eine Funktionseinheit zur Umsetzung von einer internen 3D-Schnittstelle auf die Schnittstelle des Grafiksubsystems vorzusehen. In Kapitel 5 wird diskutiert, wie durch eine sinnvolle Beschränkung der Funktionalität der internen Schnittstelle auch der Aufwand für die Erstellung dieser Prozessoren begrenzt werden kann.

3.2   Strukturierung

Die Unterteilung des Simulationssystems in Simulationssystemkern, Simulationssteuer- und -bedienungsdatenaufbereitung wurde bereits eingeführt und begründet. Der Simulationssystemkern umfaßt danach alle vom Zielsystem unabhängigen Funktionsprogramme. Die Steuerdatenaufbereitung der Simulation enthält alle zur Anbindung des Simulationssystems an die NC-Grundfunktionsprogramme notwendigen Funktionen, wohingegen die Bedienungsdatenaufbereitung der Simulation das Bindeglied zur Bedienungsdatenverarbeitung des Zielsystems darstellt.

Eine wesentliche Anforderung an das Simulationssysstem ist die Konfigurierbarkeit, um die Anpassung an eine gegebene Maschinen- und Steuerungskonfiguration zu ermöglichen. Die bisher vorgenommene Unterteilung ist zu diesem Zweck noch nicht ausreichend, da sich auf der Basis dieser Funktionseinheiten beispielsweise kein Bezug zur Kinematik einer Maschine herstellen läßt. Aus diesem Grund ist es notwendig, eine detailliertere Strukturierung des Simulationssystems zu entwickeln.

Zu Beginn eines Simulationszyklus besteht eine wesentliche Aufgabe der Geometriedatenverarbeitung eines Simulationssystems darin, die aktuellen rechnerinternen Geometriemodelle aller bewegten Körper zu generieren. Dazu gehört sowohl die Transformation der Körper an ihre neue Position, als auch die Bildung der Volumenspuren für die nachfolgende Werkstückaktualisierung oder Kollisionsbetrachtung /71/. Da diese Berechnungen für jeden starren Teilkörper des zu simulierenden Systems durchgeführt werden müssen, liegt es nahe, eine **Funktionseinheit Volumenspurerzeugung** einzuführen und jedem Teilkörper eine Instanz dieser Funktionseinheit zuzuordnen.

Für die Bildung der Volumenspur ist es notwendig, Positionen und Orientierungen eines Körpers zu Beginn und am Ende des Simulationszyklusses zu kennen. Die Datenversorgung des Simulationssystems erfolgt günstigerweise durch eine separate Instanz der Funktionseinheit Geometriedatenverarbeitung auf der Basis von Achsist- oder -sollwerten. Aus Bild 3.4 läßt sich leicht erkennen, daß die Verwendung des Maschinenkoordinatensystems für die Geometriedatenverarbeitung der Simulation im allgemeinen nicht sinnvoll ist. Diese basiert stattdessen üblicherweise auf einem kartesischen Koordinatensystem. Für den Sonderfall rotationssymmetrischer Teile wäre auch ein Zylinderkoordinatensystem geeignet. Wegen dessen schlechter Eignung insbesondere für prismatische Teile ist die Verwendung kartesischer Koordinaten jedoch vorzuziehen.

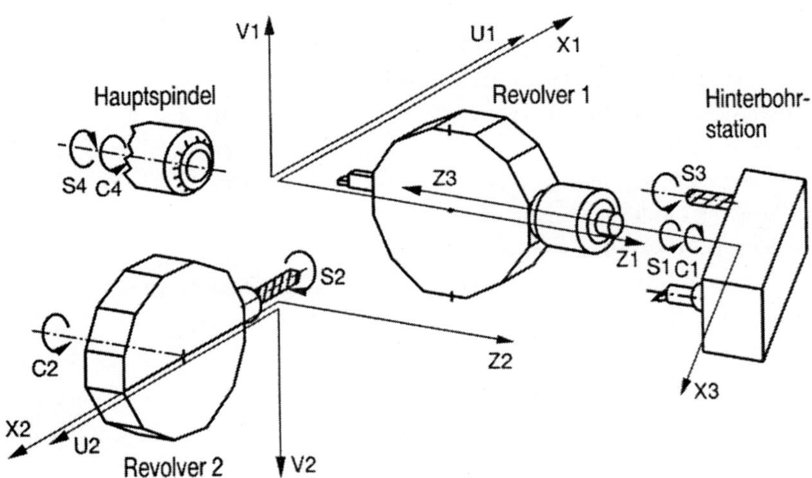

<u>Bild 3.4:</u>   Maschinenkoordinatensystem und Zusammenfassung von Achsen zu Kanälen am Beispiel einer Drehzelle /72/

Um die Funktionseinheit Volumenspurerzeugung allgemein halten zu können, ist es notwendig, eine weitere Funktionseinheit zwischen ihr und der Geometriedatenverarbeitung der NC einzufügen, deren Aufgabe es ist, die Transformationen vom Achs- in das Simulationskoordinatensystem vorzunehmen.

Bei der Anpassung an die Funktionseinheit Geometriedatenverarbeitung der NC sind außerdem Koordinationsaufgaben zu berücksichtigen. Wenn von ihr neue Positionen für alle Maschinenachsen an das Simulationssystem übertragen wurden, sind zuerst für alle Teilkörper auf der Grundlage der zu berücksichtigenden Achsen Position und Orientierung im kartesischen Koordinatensystem der Simulation zu bestimmen. Danach müssen diese Werte an die Funktionseinheiten für die Volumenspurerzeugung übergeben werden. Nachfolgend muß die Modellaktualisierung angestoßen werden.

Prinzipiell wäre es möglich, jedem Teilkörper eine Instanz der Funktionseinheit Transformation zuzuordnen und eine weitere Funktionseinheit Koordination zu definieren. Dies bereitet in der Praxis aber Schwierigkeiten, da zum einen a priori nicht bekannt ist, welche Achsdaten für die Bewegung welches Teilkörpers verantwortlich sind und sich zum anderen die Achszuordnung zur Laufzeit ändern kann. Betrachtet man die in Bild 3.4 dargestellte Konfiguration, so ergeben sich beispielsweise folgende Abhängigkeiten der Lage der Teilkörper von der Position der Maschinenachsen:

- Werkstück in der Hauptspindel C4
- Werkzeug im Revolver 1 X1, Z1
- Werkzeug im Revolver 2 X2, Z2, C2
- Werkstück in der Synchronspindel X3, Z3
- angetriebenes Werkzeug in der Hinterbohrstation C1

Aus diesen Gründen werden beide Aufgabenbereiche einer **Funktionseinheit Transformation und Koordination** übertragen.

Eine weitere Anpassungsaufgabe ist darin zu sehen, Konfigurierungsdaten von der NC zu übernehmen und den anderen Funktionseinheiten der NC in geeigneter Form zu übermitteln. Als Beispiel dafür sei die bereits erwähnte Achszuordnung genannt, die teilweise aus den Maschinendaten abgeleitet werden kann. Zu diesem Zweck wird eine **Funktionseinheit Konfigurierung** eingeführt.

Daneben müssen dem Simulationssystem auch in der NC vorhandene Geometriedaten zugänglich gemacht werden. So kann beispielsweise aus Werkzeugtyp und zugeordneten

Korrekturdaten die Geometriebeschreibung abgeleitet werden. Die **Funktionseinheit Rüsten** benötigt daher ebenfalls einen Zugriff auf die Datenhaltung der NC-Steuerdatenaufbereitung.

Die Aufgaben der **Funktionseinheit Modellierung** umfassen die Aktualisierung des Werkstückmodells und die Überprüfung der Volumenspuren auf Kollision. Außerdem muß ein Modell der gesamten darzustellenden Fertigungssituation für die nachfolgende Visualisierung gebildet werden. Eine Aufteilung in separate Funktionseinheiten für Modellierung und Durchdringungserkennung, wie sie beispielsweise in /4/ vorgeschlagen wird, erscheint nicht sinnvoll, da sämtliche Aufgaben auf die booleschen Operationen Subtraktion, Vereinigung und Schnitt zurückgeführt werden können und große Teile der dazu benötigten Algorithmen identisch sind. Im Rahmen der Kollisionserkennung ist aber denkbar, jeder zu überprüfenden Kollisionspaarung eine Instanz der Funktionseinheit Modellierung zuzuordnen. Eine derartige Konfiguration wäre insbesondere dann vorteilhaft, wenn für die Kollisionsrechnung mehrere Prozessoren für Parallelverarbeitung zur Verfügung stünden.

Die Darstellung des rechnerinternen Modells, wie es von der FE Modellierung bereitgestellt wird, auf einem Grafikbildschirm erfordert eine perspektivische Transformation von 3D-Koordinaten des Simulationssystems auf 2D-Bildschirmkoordinaten, das Unterdrücken verdeckter Flächen und Kanten, sowie das Schattieren. Außerdem müssen **Clipping**-Operationen ausgeführt werden. Unter diesem Begriff versteht man das Abschneiden unsichtbarer Bildteile /73/. Wie schon im vorigen Kapitel gezeigt wurde, haben sich im CAD/CAM Bereich 3D-Grafikschnittstellen, wie beispielsweise GKS-3D oder PHIGS etabliert, wohingegen in der NC heute in der Regel nur 2D-Grafikschnittstellen, wie beispielsweise X-Window, verfügbar sind. Da vom Simulationssystem gefordert wird, daß es in beiden Bereichen einsetzbar sein muß, ist es notwendig, eine Trennung zwischen den Grafikausgabefunktionen, die von der Ausprägung der Grafikschnittstelle unabhängig sind, und den übrigen, abhängigen Funktionen vorzunehmen.

Von den oben genannten Funktionen fällt nur das Unterdrücken verdeckter Flächen und Kanten in den Aufgabenbereich der **Funktionseinheit Visualisierung**. Zusätzlich sind jedoch eine Reihe von Visualisierungsfunktionen bekannt, die der **bedienergerechten Darstellungsaufbereitung** zuzuordnen sind. Als Beispiel sei hier nur die automatische

Vermaßung genannt. Auch diese Funktionen gehören zur FE Visualisierung, da sie von der Ausprägung der Grafikschnittstelle unabhängig sind.

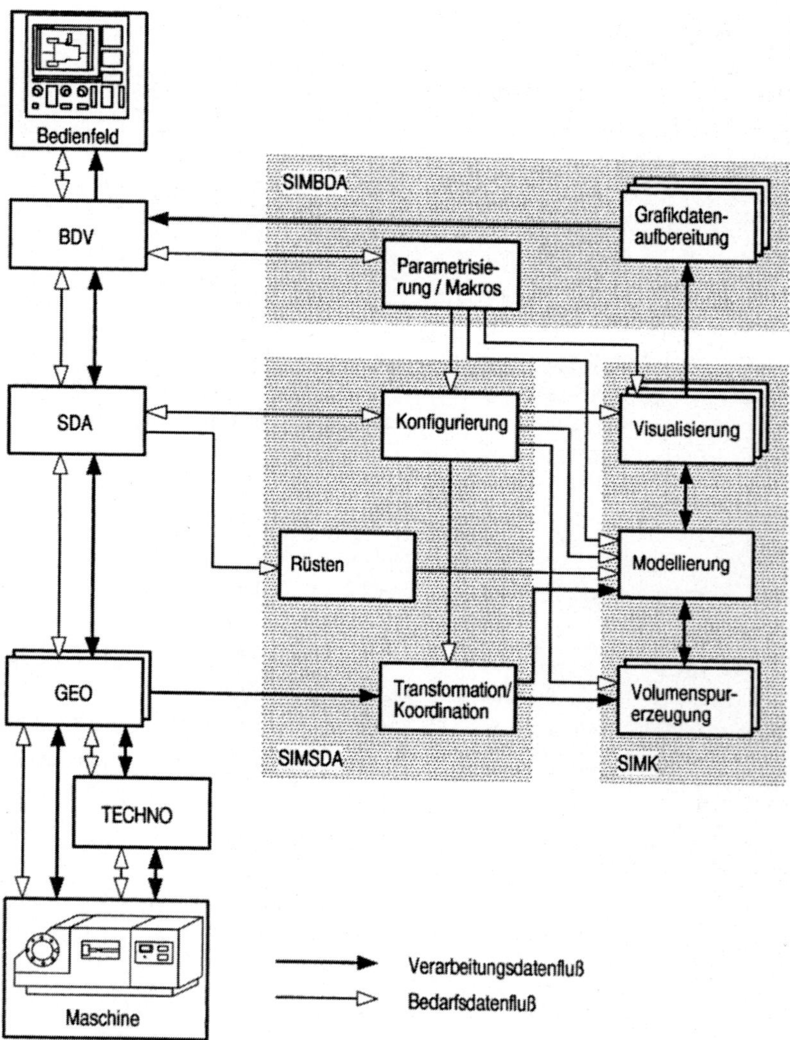

Bild 3.5: Strukturierung und Datenfluß des Simulationssystems

Die Aufgaben der **Funktionseinheit Grafikdatenaufbereitung** sind vom zugrunde liegenden Grafiksubsystem abhängig. Während bei Verwendung einer 3D-Grafikschnittstelle in dieser Funktionseinheit außer Formatanpassungen keine Aufgaben auszuführen sind, müssen bei einem 2D-Grafiksubsystem in jedem Fall die Bildschirmtransformation und das Schattieren, sowie eventuell auch Clipping-Operationen durchgeführt werden. In Kapitel 5 werden darüberhinaus Methoden zur Performancesteigerung bei der Grafikausgabe unter Ausnutzung der speziellen Randbedingungen eines Simulationssystems diskutiert.

Ähnliche Überlegungen zur Parallelisierung, wie bei der Volumenspurerzeugung, lassen sich auch für die Funktionseinheiten Visualisierung und Grafikdatenaufbereitung anstellen. Werden mehrere Ansichten eines Modells gleichzeitig dargestellt, beispielsweise um den kompletten Arbeitsraum und einen Detailbereich während des Simulationslaufs gleichzeitig beobachten zu können, ist es sinnvoll, mehrere Instanzen der FE Visualisierung anzulegen, da das Unterdrücken verdeckter Flächen und Kanten unter Berücksichtigung der Blickrichtung erfolgen muß. Wegen der von den Darstellungsparametern abhängigen Bildschirmtransformation ist jeder Instanz der FE Visualisierung eine Instanz der FE Grafikdatenaufbereitung zuzuordnen.

Verschiedene Daten werden im Simulationssystem an unterschiedlichen Stellen benötigt. Soll beispielsweise die **Simulationsbetriebsart** von 2D- auf 3D-Modellierung und -Darstellung umgeschaltet werden, so müssen neben den Instanzen der FE Visualisierung auch die der Modellierung und der Volumenspurerzeugung benachrichtigt werden, um die entsprechenden Modelle zu generieren. Da die Bedienungsdatenverarbeitung des Zielsystems nicht von der internen Struktur des Simulationssystems abhängen sollte, ist es notwendig, für Bedieneingaben eine Entkopplung vorzunehmen. Aus diesem Grund wird die **Funktionseinheit Parametrisierung und Makros** eingeführt.

Die resultierende Strukturierung nach funktionalen Gesichtspunkten ist in Bild 3.5 dargestellt. Die Umsetzung der abgeleiteten Struktur in Software erfordert darüberhinaus eine Analyse des Datenflusses, da die Software-Architektur so gewählt werden muß, daß den Kommunikationsbedürfnissen der Funktionseinheiten Rechnung getragen wird.

3.3 Datenfluß zwischen den Funktionseinheiten

Alle zyklisch ablaufenden Kommunikationsvorgänge, werden im folgenden unter dem Begriff **Verarbeitungsdatenfluß** zusammengefaßt, wohingegen der **Bedarfsdatenfluß** den azyklischen Informationsaustausch beinhaltet /74/. Die nachfolgenden Betrachtungen beschränken sich auf die Kommunikation innerhalb des Simulationssystems, wie sie auch in Bild 3.5 dargestellt wurde.

3.3.1 Verarbeitungsdatenfluß

Im folgenden sollen Art und Umfang der pro Simulationszyklus auszutauschenden Daten anhand eines einfachen Beispiels diskutiert werden. Ähnlich zur Darstellung in Bild 2.4 soll eine 3D-Simulation für das dreiachsige Fräsen unter Berücksichtigung von Werkstück, Werkzeug und Spannmitteln, aber ohne Modellierung der Maschine, als Grundlage für die Bestimmung der Datenmengen herangezogen werden.

Die FE Transformation und Koordination erhält pro Maschinenachse einen Positionswert. Nach Transformation in das kartesische Koordinatensystem der Simulation werden die beiden Vektoren, die Position und Orientierung des Werkzeugs beschreiben, an die FE Volumenspurerzeugung übergeben. Sobald von dort eine positive Rückmeldung gegeben wurde, wird die FE Modellierung beauftragt. In allen Fällen sind nur wenige Bytes auszutauschen.

Das aus Punkten und Flächen bestehende rechnerinterne Geometriemodell der Volumenspur wird an die FE Modellierung weitergereicht. Abhängig von Approximationsgenauigkeit, Werkzeuggeometrie und Verfahrbewegung liegt die zu übertragende Datenmenge in der Größenordnung von einigen kByte. Die FE Modellierung erzeugt ein aktuelles Modell der Fertigungssituation mit allen darzustellenden Geometrieobjekten und übergibt es an die FE Visualisierung. Der Datenumfang des zu übertragenden rechnerinternen Modells hängt von Modellkomplexität und Approximationsgenauigkeit ab und beträgt zwischen 10 und 1000 kByte. Nach dem Unterdrücken verdeckter Kanten und Flächen müssen etwa die gleichen Datenmengen an die FE Grafikdatenaufbereitung übergeben werden.

Der weitere Datenaustausch ist von der Art der Schnittstelle zum Grafiksubsystem abhängig und läßt sich daher nur schwer quantitativ beschreiben. Wieder bestimmen läßt sich die zur Darstellung eines Bildes auf einem Rastergrafikbildschirm notwendige Datenmenge, wenn man davon ausgeht, daß in jedem Simulationszyklus ein neues Bild aufgebaut wird. Sie hängt von der Bildauflösung und der Anzahl der Bits pro Bildpunkt für die Farbzuordnung ab und beträgt mehrere 100 kByte.

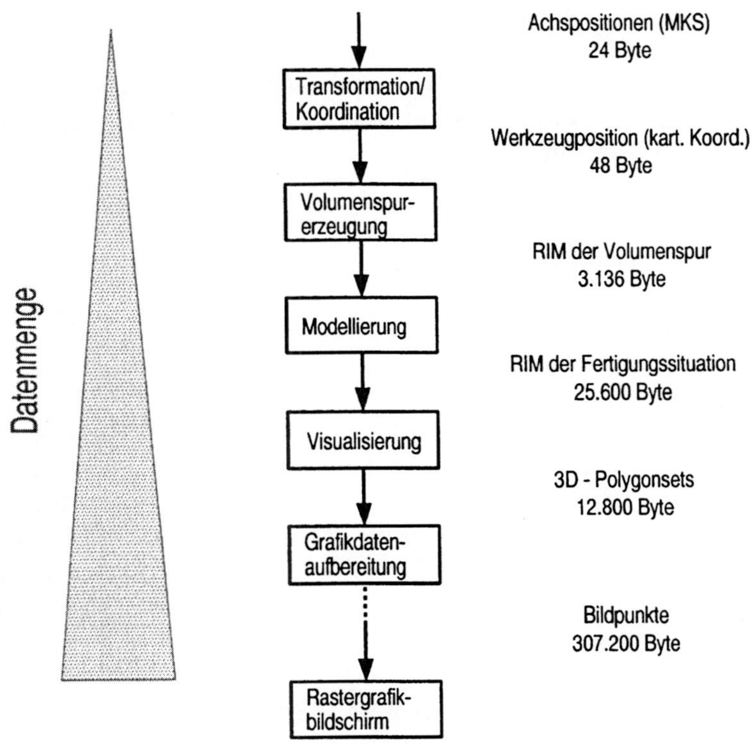

<u>Bild 3.6:</u>   Beispiel für Art und Umfang der Daten, die zwischen den Funktions-
einheiten pro Simulationszyklus ausgetauscht werden müssen

Die im Beispiel ermittelten Datenmengen erlauben aufgrund der vielfältigen Abhängig-
keiten keine endgültigen Aussagen über notwendige absolute Übertragungsraten. Zusammenfassend läßt sich jedoch feststellen, daß der Verarbeitungsdatenfluß im

wesentlichen durch den für die Bildschirmdarstellung notwendigen Datenaustausch zwischen den Funktionseinheiten Visualisierung und Grafikdatenaufbereitung, sowie dem Grafiksubsystem bestimmt wird. Im Gegensatz dazu können die zu transferrieren-den Datenmengen, die bis zur Funktionseinheit Volumenspurerzeugung anfallen, vernachlässigt werden.

Aus Bild 3.6 ist ersichtlich, daß die Bearbeitung, wenn man die Steuerdaten an die FE Modellierung außer acht läßt, streng sequentiell erfolgt und der Datenfluß unidirektional verläuft. Zur Reduktion der zu transferierenden Datenmenge ist es daher unter bestimmten Umständen möglich, Zeiger auf die Modelle zu übergeben, anstatt sie zu kopieren. Auf diese Möglichkeit soll bei der Diskussion der Software-Architektur näher eingegangen werden.

3.3.2   Bedarfsdatenfluß

Aus Bild 3.5 läßt sich entnehmen, daß der Bedarfsdatenfluß wesentlich von den Funk-tionseinheiten Rüsten, Konfigurierung und Parametrisierung/Makros bestimmt wird.

Mit Hilfe der Funktionseinheit Konfigurierung werden die übrigen Funktionseinheiten des Simulationssystems beauftragt, Instanzen anzulegen und sich gegenseitig bekanntzu-machen. Bedingt durch die FE Konfigurierung findet ein nennenswerter Datenfluß zwischen Funktionseinheiten daher hauptsächlich während der Initialisierungsphase statt. Obwohl auch zur Laufzeit Konfigurationsänderungen notwendig sein können, beispielsweise wenn eine Achse unterschiedlichen Achssystemen zugeordnet wird, bleibt der dadurch bedingte Datenfluß vernachlässigbar gering.

Da die Aufgabe der Funktionseinheit Rüsten im wesentlichen darin besteht, zur Laufzeit unveränderliche Maschinen-bezogene Geometriedaten zu lesen und für das Simulations-system aufzubereiten, beschränkt sich auch hier der Datenfluß auf die Initialisierungs-phase.

Die Funktionseinheit Parametrisierung und Makros dient als Schnittstelle des Simula-tionssystems für Bediendialoge. Da die Dateneingabe manuell durch den Bediener erfolgt, sind auch in diesem Fall die zu erwartenden Datenraten vernachlässigbar gering.

Zusammenfassend läßt sich daher sagen, daß der Einfluß des Bedarfsdatenflusses auf das Zeitverhalten des Simulationssystems zur Laufzeit vernachlässigt werden kann. Bedingt durch Konfigurierung und Rüsten wird das Verhalten in der Initialisierungsphase jedoch wesentlich durch den Bedarfsdatenfluß bestimmt.

3.4   Software-Architektur

Wie in den vorangegangenen Kapiteln hergeleitet wurde, wird von der Software-Architektur gefordert, daß sie die Konfigurierung unterstützt und modulare Erweiterungen zuläßt. Desweiteren soll sie hardwareunabhängig sein, um eine gute Portierbarkeit auf Ein- und Mehrprozessorsysteme zu erreichen. Schließlich muß der Verwaltungsaufwand klein gehalten werden, um eine effiziente Ausnützung der begrenzten Systemresourcen zu gewährleisten.

Die objektorientierte Programmierung ist besonders geeignet für die Erstellung von offenen Systemen. Sie erleichtert insbesondere die konsistente Verarbeitung der grafischen Daten und erlaubt eine einfache Integration funktionaler Erweiterungen /68/. Daten und Funktionsprogramme können eingekapselt werden, um die Zugriffsmöglichkeiten auf wenige, klar definierte Schnittstellen zu beschränken und so Sicherheit, Portierbarkeit und Zuverlässigkeit der Software zu erhöhen /75/. Die Anwendung von Methoden der objektorientierten Programmierung auf das Simulationssystem soll daher im folgenden diskutiert werden. Zuvor sollen jedoch einige verwendete Begriffe definiert werden.

Der Begriff Objekt ist mehrdeutig, da er in der Literatur nicht nur im Zusammenhang mit der Programmierung, sondern beispielsweise auch für grafische Ausgabeprimitive, sowie für geschlossene geometrische Körper verwendet wird. In dieser Arbeit wird unter einem **Objekt** eine programmtechnische Einheit verstanden, die eindeutig identifizierbar ist, einen inneren Zustand hat, auf Botschaften reagieren und auch selbst senden kann. Ein Objekt enthält daher sowohl Funktionsprogramme, als auch Daten. Alle Objekte, die sich gleichartig verhalten, gehören zu einer **Klasse** und werden als Instanzen dieser Klasse bezeichnet. Die **Methoden** legen die Reaktion einer Klasse auf Aufträge fest. Den Zusammenhang von Aufträgen und Methoden stellt die **Methodentabelle** her. Durch sie wird daher festgelegt, welche Dienste ein Objekt nach außen anbietet. Die sogenannten **impliziten Methoden** müssen in jedem Objekt vorhanden sein. Sie dienen

der Erstellung, Initialisierung und Terminierung, sowie dem gegenseitigen Bekanntmachen von Instanzen /76/.

3.4.1   Aufbau der Funktionseinheiten

Von einigen der in Kapitel 3.2 abgeleiteten Funktionseinheiten müssen mehrere Instanzen angelegt werden können. Beispiele dafür sind die FE Visualisierung und die FE
Volumenspurerzeugung. Es ist daher naheliegend, diese Funktionseinheiten auf Klassen
im Sinne der objektorientierten Programmierung abzubilden.

Der innere Zustand einer Instanz wird durch ihre **Attribute** bestimmt. Sie ersetzen die
globalen Daten. Alle Instanzen einer Klasse greifen auf dieselben Funktionsprogramme
zu, haben aber individuelle Datenbereiche, die sogenannten **Instanzdaten**, die alle Attribute der jeweiligen Instanz enthalten. Jede Funktionseinheit hat eine eigene Ablaufsteuerung, sowie eine Botschaftsschnittstelle für die Beauftragung von außen.

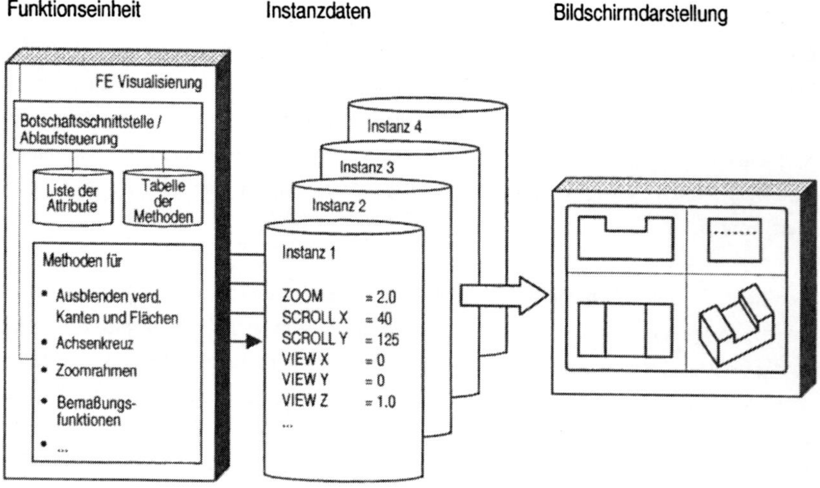

<u>Bild 3.7:</u>   Zusammenhang von Funktionseinheit, Instanz und Instanzdaten

Das Konfigurieren entspricht dem Anlegen und gegenseitigen Bekanntmachen von
Instanzen der verschiedenen Klassen. Das Anlegen einer Instanz wird durch einen Auf-

trag an die Klasse ausgelöst. Diese legt daraufhin ein neues Datenfeld für die Instanzdaten an und schickt die Adresse der Instanz mittels einer Botschaft an den Aufrufenden zurück. Durch Anlegen oder Löschen von Instanzen kann die Konfiguration auch dynamisch zur Laufzeit geändert werden.

Innerhalb von Methoden können verschiedene Funktionen verwendet und als Unterprogramme aufgerufen werden. Diese übernehmen eng abgegrenzte Teilaufgaben, die häufig nur in Kombinationen einen Sinn ergeben. Aus diesem Grund werden sie in der Funktionseinheit verborgen, sind also von außen nicht ansprechbar.

Zur Verdeutlichung der beschriebenen Zusammenhänge dient Bild 3.7. Mit Hilfe der Konfigurierung werden mehrere Instanzen der Funktionseinheit Visualisierung angelegt, um in vier Fenstern Drauf-, Vorder- und Seitenansicht, sowie eine perspektivische Projektion eines Körpers darzustellen. Die Instanzen der Klasse unterscheiden sich dadurch, daß die Instanzdaten unterschiedliche Vektoren für die Blickrichtung enthalten.

3.4.2   Aufteilung in Prozesse und Kommunikation

Funktionsprogramme einer NC bestehen heute nicht mehr aus einem monolithischen Software-Gebilde, sondern werden in Tasks gegliedert, die einem oder mehreren Prozessoren mit kon- oder disjunkten Speicherbereichen zugeordnet werden /61/. Die dabei verfolgten Zielsetzungen sind die Berücksichtung unterschiedlicher Prioritäten und Zeitbedingungen, die Anpassung an das Zielsystem in Hard- und Software, sowie die Erleichterung von Entwicklung, Diagnose, Wartung und Pflege. Aus diesen Gründen müssen auch die Funktionsprogramme eines Simulationssystems in gleicher Weise gegliedert werden.

Zur Interprozesskommunikation bei Einprozessorsystemen sind **Mailboxen** und **gemeinsame Speicherbereiche** bekannt. In verteilten Systemen kommen weitere, teilweise sehr unterschiedliche Transportsysteme zum Einsatz. Sie ermöglichen die Kommunikation über serielle und parallele Punkt-zu-Punkt Verbindungen ebenso, wie über Busse und Netzwerke.

Um eine von der Gliederung in Prozesse, Prozessoren und Speicherbereiche unabhängige Software-Erstellung zu ermöglichen, sind einheitliche Kommunikationsmechanismen für unterschiedliche Transportsysteme notwendig. Diese werden in /77/ ausführlich diskutiert und sollen daher hier nicht weiter behandelt werden.

3.4.3   Parallelisierung

Die Diskussion der Systemstrukturierung in Kapitel 3.2 hat gezeigt, daß es vorteilhaft sein kann, die verschiedenen Instanzen einer Funktionseinheit auf mehreren Prozessoren parallel ablaufen zu lassen. Daher ist es notwendig, ein Konzept zu erarbeiten, daß sowohl eine sequentielle, als auch eine parallele Beauftragung von Funktionseinheiten vorsieht.

Wartet der Sender einer Botschaft, bis eine Antwort vom Empfänger eintrifft, so spricht man von einer **synchronen** oder blockierenden Beauftragung. Dies bedeutet, daß der Sender erst nach Erhalt der Antwort seine Bearbeitung fortsetzen kann. Für die Parallelisierung ist darüber hinaus auch eine **asynchrone**, also nichtblockierende, Beauftragung vorzusehen.

Dies bedeutet, daß der Empfänger unmittelbar nach Erhalt einer Botschaft eine Kontrollmeldung an den Absender zurückschickt. Dieser kann danach die Bearbeitung fortsetzen. Zu einem späteren Zeitpunkt kann mit Hilfe der Kontrollmeldungen überprüft werden, ob die Quittung des Empfängers vorliegt und gegebenenfalls auf die Quittungsparameter zugegriffen werden.

Der Vergleich beider Verfahren macht deutlich, daß die asynchrone Beauftragung flexibler handhabbar ist, als die synchrone, gleichzeitig aber Verwaltungs- und Kommunikationsaufwand zunehmen. Aus diesem Grund sollte die asynchrone Beauftragung nur dort eingesetzt werden, wo eine parallele Bearbeitung mehrerer Aufgaben prinzipiell möglich ist.

Bild 3.8 zeigt am Beispiel der FE Volumenspurerzeugung, wie eine Parallelisierung erreicht werden kann, indem mehrere Instanzen des Simulationssystems asynchron beauftragt werden. Das Pseudocodesegment kann sowohl in Ein-, als auch in Mehrprozessorsystemen unverändert verwendet werden. Zur Verbesserung der Übersichtlichkeit wurden die Variablendefinitionen weggelassen. Die Aufgabenverteilung auf die Prozessoren wird ausschließlich durch das Anlegen der Instanzen im Rahmen der Konfigurierung bestimmt.

```
/* Alle Instanzen mit Volumenspurerzeugung beauftragen */
while (vol != NULL) {
        Kontrollmeldung = Send (BildeVolumenspur, vol, parameter);
        BildeMeldungsListe (Kontrollmeldung, Meldungsliste);
        vol = vol->next;
        };

/* Alle Kontrollmeldungen überprüfen */
while (Meldungsliste != NULL) {
        PrüfeQuittung (Meldungsliste);
        Meldungsliste = Meldungsliste->next;
        };

/* FE Modellierung benachrichtigen */
Send (StarteModellierung, mod);
```

<u>Bild 3.8:</u>   Asynchrone Beauftragung mehrerer Instanzen der

FE Volumenspurerzeugung

3.4.4   Modularisierung

Unter Modularisierung wird die Bildung abgeschlossener Funktionseinheiten, die untereinander nach wenigen festen Regeln kommunizieren, verstanden. Die eingeführte Gliederung des Simulationssystems beschreibt danach bereits eine modulare Struktur. Bei der Zuordnung von Simulationsaufgaben zu Funktionseinheiten wurden allgemeine, d.h. für alle Simulationssysteme gültige, Aspekte berücksichtigt. Eine weiterführende Betrachtung von Fertigungstechnologie-spezifischen Gesichtspunkten oder unterschiedlichen Ausbaustufen macht es notwendig, eine feinere Untergliederung der Software vorzunehmen.

Ausgehend von einem streng hierarchischen Ansatz könnten wiederum Klassen mit eigener Botschaftsschnittstelle und Ablaufsteuerung eingeführt werden. Der höheren Flexibilität stehen jedoch Performanceeinbußen gegenüber einer Lösung auf der Basis von Unterprogrammaufrufen entgegen. Da es keinen Sinn macht, zur Laufzeit Funktionsprogramme an unterschiedliche Ausbaustufen oder Fertigungstechnologiespezifische Aufgabenstellungen anzupassen, ist für die weitere Modularisierung einer Lösung, die auf zusammenbindbaren Programmbausteinen basiert, der Vorzug zu geben.

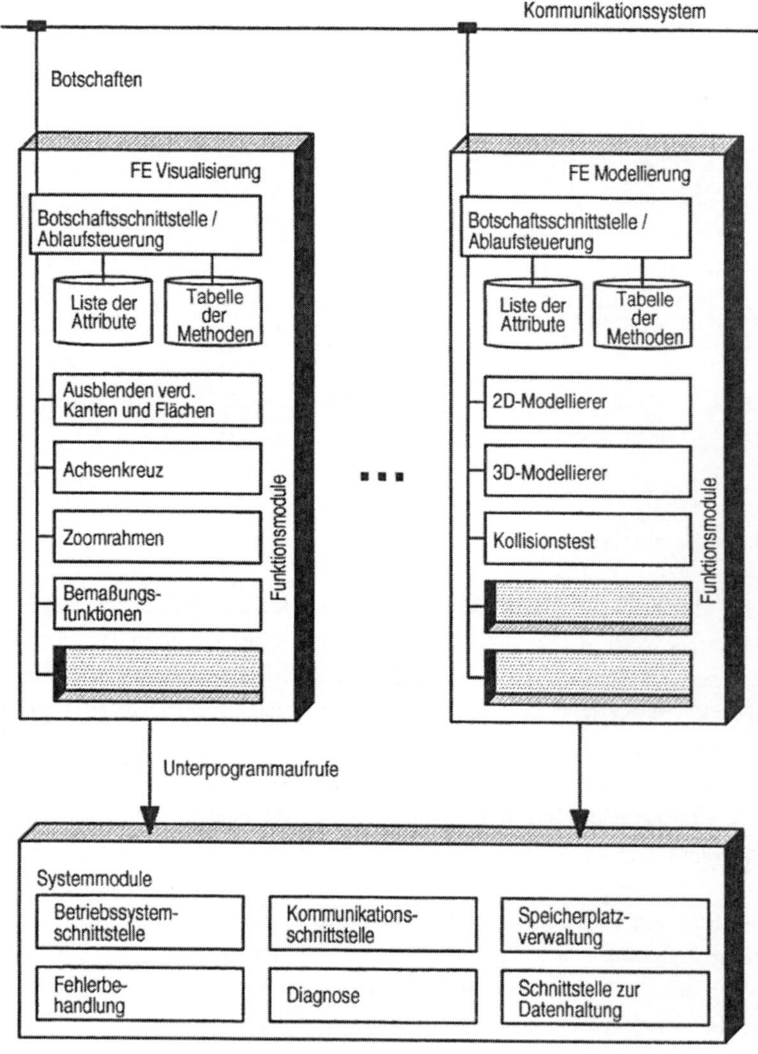

Bild 3.9: Gliederung des Simulationssystems in System- und Funktionsmodule

In Analogie zu der in Kapitel 2.5 vorgenommenen Unterscheidung in Funktions- und Systemprogramme werden die Programmbausteine unterschieden in **Funktions-** und **Systemmodule**. Ein **Modul** ist eine Funktionseinheit, die aus ein oder mehreren Methoden und/oder Funktionen besteht, aber erst durch das Binden mit einer Klasse ablauffähig wird, da es keine eigene Ablaufsteuerung besitzt.

Die Systemmodule stellen Querschnittsfunktionen für alle Klassen zur Verfügung. Sie müssen daher stets vorhanden sein. Ihre Verwendung führt zu einer internen Software-Schnittstelle, die die Realisierung der Funktionsprogramme von der Systemumgebung unabhängig macht.

Funktionsmodule dienen zur Zusammenfassung von Methoden und Funktionen für einen bestimmten Aufgabenbereich. Die Anpassung einer Funktionseinheit an unterschiedliche Aufgabenstellungen erfolgt durch Hinzufügen entsprechender Funktionsmodule zur Klasse. So stellt beispielsweise die fünfachsige Freiformflächenfräsbearbeitung ganz andere Anforderungen an die Volumenspurerzeugung, als die Standarddrehbearbeitung und sollte daher auch durch ein anderes Funktionsmodul abgedeckt werden.

Bild 3.9 zeigt am Beispiel der Funktionseinheiten Visualisierung und Modellierung, wie eine individuelle Konfiguration durch Hinzufügen von Funktionsmodulen zum aus Botschaftsschnittstelle und Ablaufsteuerung bestehenden Rumpf zusammengestellt werden kann.

4 Konzeption der Funktionseinheit Simulationssystemkern

Die Funktionseinheit Simulationssystemkern enthält alle vom Zielsystem unabhängigen Funktionsprogramme. In Kapitel 3.2 wurde eine weitergehende Unterteilung in Funktionseinheiten für Volumenspurerzeugung, Modellierung und Visualisierung vorgenommen. Zur Anpassung des Simulationssystems an eine konkrete Aufgabenstellung wurden Funktionsmodule eingeführt. Im folgenden soll diskutiert werden, wie die Aufgaben der genannten Funktionseinheiten zweckmäßig gegliedert und auf Funktionsmodule verteilt werden können.

Eine offene System-Architektur bietet dem Anwender die Möglichkeit, das Simulationssystem flexibel an seine speziellen Bedürfnisse anzupassen. Es ist daher weder sinnvoll, noch möglich, alle denkbaren Funktionsmodule zu definieren. In diesem und den beiden folgenden Kapiteln sollen jedoch exemplarisch die Funktionsmodule untersucht werden, die für die am häufigsten eingesetzten Technologien Drehen, Bohren und Fräsen notwendig sind.

4.1 Funktionseinheit Modellierung

Zum Aufgabenbereich der FE Modellierung gehören Modellaktualisierung, rechnerische Kollisionserkennung, sowie die Verwaltung der rechnerinternen Geometriemodelle. Neben der Diskussion über die feinere Unterteilung soll untersucht werden, inwieweit diese Funktionseinheit Aufgaben der übergreifenden Ablaufsteuerung für den Simulationssystemkern übernehmen kann.

4.1.1 Funktionsmodule für 2D- und 3D-Modellierung

Bei der Analyse der Anforderungen an die Geometriedatenverarbeitung wurde festgestellt, daß die Architektur eines Simulationssystems, das für ein breites Spektrum von Fertigungsverfahren einsetzbar sein soll, sowohl die 2D- als auch die 3D-Geometriemodellierung beinhalten muß. Die Untersuchung möglicher Geometriemodelle hat ergeben, daß für die 2D-Modellierung die Kantenzugdarstellung und für die 3D-Modellierung das Polyedermodell am besten geeignet sind. Beide sollen daher als Basis für die weiteren Betrachtungen herangezogen werden.

Vor der Erarbeitung einer durchgängigen Konzeption für die Geometriemodellierung ist es zweckmäßig, die einzelnen Teilschritte, die bei einer booleschen Verknüpfung zweier 3D-Flächenmodelle durchlaufen werden müssen, zu betrachten und in 2D- und 3D-Modellierungsaufgaben zu kategorisieren. In Bild 4.1 ist zu diesem Zweck der Ablauf einer booleschen Subtraktion $TK_1 \setminus TK_2$ dargestellt. TK_1 wird im folgenden **Basiskörper**, TK_2 **Verknüpfungskörper** genannt.

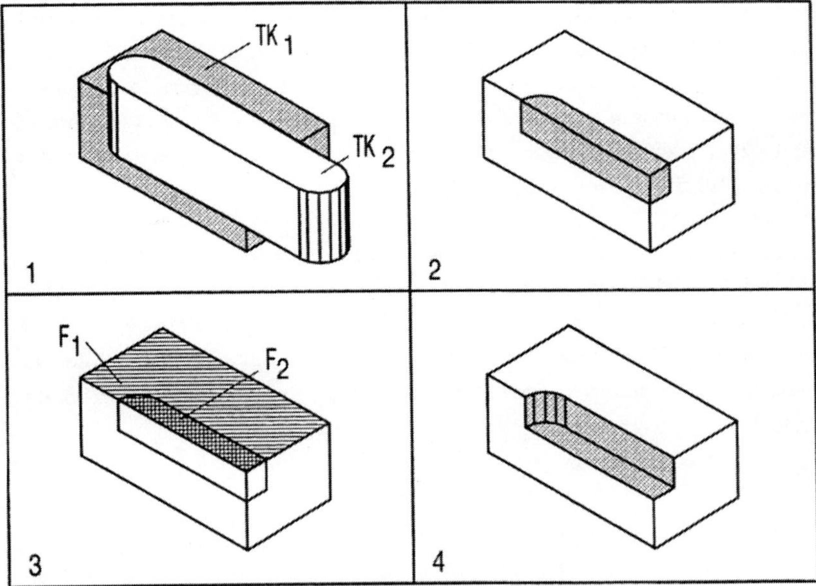

<u>Bild 4.1:</u>   Teilschritte eines Modellierungsvorgangs bei Verwendung von Flächenmodellen

In einem ersten Schritt wird das Schnittvolumen beider Körper berechnet (Teilbild 2). Da zu diesem Zweck die Durchdringungen der Flächen eines Körpers mit denen des anderen Körpers berechnet werden müssen, ist dieser Vorgang in den 3D-Bereich einzuordnen.

Danach müssen die bereits bestehenden Flächen des Basiskörpers aktualisiert werden. Von der in Teilbild 3 dargestellten Fläche F_1 wird beispielsweise die Schnittfläche F_2 subtrahiert. Da bei diesem Schritt Polygonsets, die zwar frei im Raum, aber in der gleichen Ebene liegen, miteinander verschnitten werden, sind in diesem Teilschritt 2D-Modellierungsaufgaben durchzuführen.

Schließlich müssen, wie in Teilbild 4 gezeigt wird, die durch den Verknüpfungskörper neu hinzukommenden Flächen in das Modell des Basiskörpers eingefügt werden. Hier handelt es sich wieder um eine Aufgabenstellung, die spezifisch für den 3D-Bereich ist.

Die Teilschritte 3 und 4 können auch in umgekehrter Reihenfolge durchgeführt werden. Dieses Beispiel zeigt, daß eine 3D-Modellaktualisierung auch 2D-Modellierungsaufgaben enthalten kann. Dieser Fall tritt genau dann ein, wenn einzelne Teilflächen der beiden Verknüpfungskörper aktualisiert werden müssen. Es ist daher zu untersuchen, ob für die 2D-Modellierungsaufgaben im Raum der gleiche Modellierer verwendet werden kann, wie bei einem reinen 2D-System.

Die beiden zur Auswahl stehenden Lösungsvarianten zur konzeptionellen Erfassung von 2D- und 3D-Modellierung stellt Bild 4.2 dar. Die erste Variante enthält zwei unabhängige Funktionsmodule für 2D- und 3D-Modellierung (wobei in letzterem 2D-Anteile enthalten sind). Eine zweite Variante besteht aus einem Stufenkonzept, bei dem ein erweiterter 2D-Modellierer gleichzeitig als Teil des 3D-Modellierers Verwendung findet.

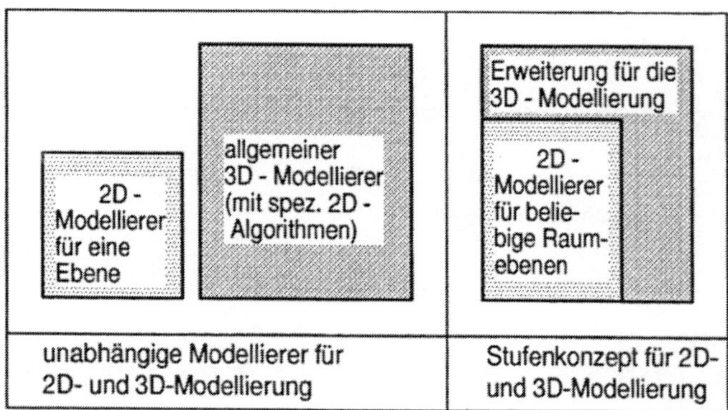

Bild 4.2: Lösungsvarianten zur konzeptionellen Erfassung von 2D- und 3D-Geometriemodellierung

Ein erweiterter 2D-Modellierer muß in der Lage sein, Polygonsets in einer beliebigen Raumebene zu aktualisieren. Diese Fähigkeit läßt sich mit Hilfe des nachfolgend beschriebenen Verfahrens der virtuellen Projektion erreichen.

Die räumlichen Polygonsets werden dabei, wie in Bild 4.3 dargestellt, auf eine Hauptebene des kartesischen Koordinatensystems abgebildet. Aus Genauigkeitsgründen wird mit Hilfe der betragsmäßig größten Koordinate des Normalenvektors der Raumebene bestimmt, auf welche Hauptebene abgebildet werden muß. Die Projektion erfolgt, indem nur die Koordinaten der Hauptebene bei der 2D-Modellierung betrachtet werden. Wenn bei der Modellierung in der Projektionsebene neue Schnittpunkte entstehen, so müssen diese durch Einsetzen der 2D-Koordinaten in die Gleichung der Raumebene zurücktransformiert werden.

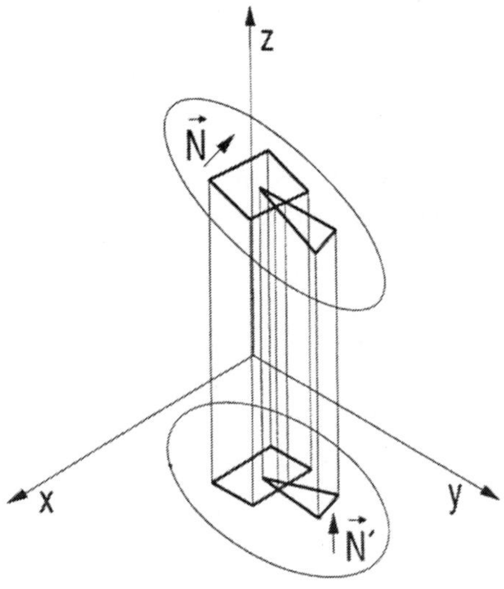

Bild 4.3:   2D-Modellierung in beliebigen Raumebenen
mit dem Verfahren der virtuellen Projektion

Die Variante A bringt Speicherplatzvorteile im 2D-Modus, da bei einem dedizierten 2D-Modellierer die Datenstruktur eines Punktes nur 2 und nicht 3 Koordinaten enthalten muß. Außerdem ist es in diesem Fall nicht notwendig, daß Flächeninformationen im Modell enthalten sind. Bei Fließkommadarstellung mit doppelter Genauigkeit macht dies pro Punkt 8 Byte und pro Fläche 40 Byte aus. Selbst bei komplexen 2D-Szenarien werden selten mehr als 1000 Punkte und 50 Flächen benötigt, sodaß der Speichermehrverbrauch im Regelfall weniger als 10 kByte beträgt.

Die Vorteile der Variante B liegen im wesentlich geringeren Umfang der insgesamt benötigten Simulations-Funktionsprogramme. Dies resultiert zum einen daraus, daß nur ein 2D-Modellierer vorhanden ist. Darüberhinaus werden aber auch weniger Funktionsprogramme für die Visualisierung benötigt, wenn im 2D- und im 3D-Modus mit identischen Datenstrukturen gearbeitet werden kann. Da bei dieser Variante auch Wartung und Pflege des Systems wesentlich erleichtert werden, ist sie der Variante A vorzuziehen. Die Variante B läßt sich durch zwei getrennte Funktionsmodule für 2D- bzw. 3D-Modellierung realisieren, wobei letzteres jedoch nur zusammen mit dem 2D-Modul eingesetzt werden kann.

Beide Funktionsmodule müssen, wie in Tabelle 4.1 dargestellt, Methoden für die booleschen Operationen Subtraktion, Vereinigung und Schnitt anbieten. Die Subtraktion wird im Rahmen der Modellaktualisierung benötigt. Die Addition ermöglicht beispielsweise das Zusammensetzen komplexer Körper aus einfachen Primitiven, wohingegen die Schnittbildung für die Kollisionserkennung oder die Ermittlung des zerspanten Volumens benötigt wird.

Funktionsmodule 2D- und 3D-Modellierung	
Methoden	Attribute
Subtraktion Addition Schnitt	Simulationsbetriebsart

Tabelle 4.1:   Funktionsmodule für 2D- und 3D-Modellierung

4.1.2   Funktionsmodul übergreifende Ablaufsteuerung

Aus der Analyse des Ablaufs eines Simulationszyklusses ging hervor, daß stets zuerst die Volumenspuren aller bewegten Körper zu bilden sind. Danach erfolgen Modellierung und Visualisierung. Außerdem wurde festgestellt, daß es zweckmäßig ist, in Abhängigkeit von der Maschinenkonfiguration mehrere Instanzen der Funktionseinheit

Volumenspurerzeugung anzulegen. Da mit der Visualisierung erst begonnen werden kann, wenn alle Volumenspuren in das Modell eingerechnet wurden, ist es notwendig, daß an einer Stelle alle Instanzen der FE Volumenspurerzeugung bekannt sind.

Die Anzahl der Instanzen der FE Visualisierung hängt von den Darstellungswünschen des Betrachters ab. Nach einer Modellaktualisierung müssen alle Instanzen der FE Visualisierung beauftragt werden, eine neue Darstellung zu generieren. Auch in diesem Fall ist es daher notwendig, daß an einer Stelle alle Instanzen bekannt sind.

Die FE Modellierung kommuniziert sowohl mit den Instanzen der FE Volumenspurerzeugung, als auch mit denen der FE Visualisierung. Es liegt daher nahe, ihr ein Funktionsmodul für die übergreifende Ablaufsteuerung des Simulationssystemkerns zuzuordnen. Es wäre ebenfalls möglich, diese Aufgabe der FE Konfigurierung zuzuordnen. Diese Lösung ist jedoch weniger geeignet, da dadurch der zeitintensivere Botschaftsverkehr zwischen den Instanzen erhöht würde.

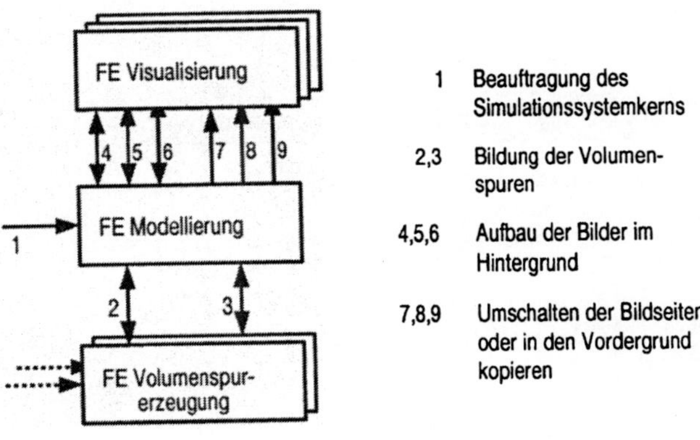

<u>Bild 4.4:</u>   Botschaftsverkehr während des Ablaufs eines Simulationszyklus

In Bild 4.4 ist der typische Ablauf der Beauftragungen während eines Simulationszyklusses dargestellt. Nachdem die Instanzen der FE Volumenspurerzeugung mit neuen Positionswerten versorgt wurden, wird durch die FE Transformation und Koordination die FE Modellierung angestoßen, mit Aktualisierung und Visualisierung zu beginnen. Nachfolgend werden alle Instanzen der FE Volumenspurerzeugung beauftragt, rechnerinterne Darstellungen der Volumenspuren zu generieren und an die FE Modellierung zu schicken. Dort wird das Modell des Prozesses aktualisiert, indem sequentiell alle Volumenspuren eingerechnet werden.

Danach kann mit der Visualisierung begonnen werden. Damit immer ein vollständiges Bild auf dem Bildschirm zu sehen ist, geschieht der Bildaufbau zweckmäßigerweise in einem unsichtbaren Bereich des Bildspeichers. Zu diesem Zweck erhält jede FE Visualisierung den Auftrag, ein Abbild des Prozeßmodells gemäß ihrem inneren Zustand zu generieren. Nachdem alle FE den Bildaufbau beendet haben, werden sie nochmals beauftragt, das ihnen zugeordnete, auf dem Bildschirm sichtbare Fenster zu aktualisieren.

Zur Verwaltung der FE Volumenspurerzeugung und Visualisierung muß das Funktionsmodul Methoden zum Hinzufügen und Löschen von Instanzen zur Verfügung stellen. Tabelle 4.2 zeigt die notwendigen Methoden, die das Funktionsmodul zur übergreifenden Ablaufsteuerung benötigt. Bei der Bezeichnung der Methoden wurden die Funktionseinheiten Visualisierung und Volumenspurerzeugung mit VIS und VOL abgekürzt.

Funktionsmodul Ablaufsteuerung Simulationssystemkern	
Methoden	Attribute
addiere_instanz_VOL lösche_instanz_VOL addiere_instanz_VIS lösche_instanz_VIS setze_SIM_betriebsart setze_genauigkeit aktualisiere_modelle initialisiere_visualisierung	VOL_liste VIS_liste SIM_betriebsart SIM_genauigkeit

<u>Tabelle 4.2:</u>   Methoden und Attribute des Funktionsmoduls übergreifende Ablaufsteuerung

In Abhängigkeit von der Simulationsbetriebsart kann entschieden werden, ob 2D- oder 3D-Methoden angewendet werden müssen. Unter anderem für die Volumenspurerzeugung muß bekannt sein, mit welcher Genauigkeit die Modelle erzeugt werden sollen. Daher sind in Tabelle 4.2 Methoden zum Setzen dieses Attributs enthalten.

4.1.3   Funktionsmodul interne Datenhaltung

Das Funktionsmodul interne Datenhaltung hat die Aufgabe, die Daten, die zur Laufzeit des Simulationssystems im Hauptspeicher benötigt werden, bereitzuhalten und Mechanismen für deren Manipulation zur Verfügung zu stellen. Bei der Untersuchung der Datenversorgung des Simulationssystems wurde eine Klassifizierung in Geometrie-, Konfigurierungs- und Verfahrdaten eingeführt. Letztere werden sequentiell abgearbeitet und müssen daher nicht gehalten werden. Die Daten hinsichtlich Kinematik und Achszuordnung, beide aus der Klasse der Konfigurierungsdaten, schlagen sich in der Instanziierung der Funktionseinheiten nieder. Andere Konfigurierungsdaten, wie beispielsweise die des Grafiksystems, werden als Attribute der Instanzen abgelegt.

Die wesentliche Aufgabe der internen Datenhaltung ist daher die Verwaltung der Geometriedaten. Deren Klassifizierung kann im wesentlichen so übernommen werden, wie sie in Tabelle 2.4 dargestellt wurde. Bei den Werkzeugen ist es allerdings sinnvoll, statt der für die Datenversorgung notwendigen Unterteilung in Geometriedaten und Korrekturwerte nun in Schneide und Werkzeugträger zu unterscheiden, da nur durch die Schneide das zerspante Volumen bestimmt wird.

Für die interne Datenhaltung lassen sich alle Geometriedaten damit den **Geometrieklassen** Werkstück, Fertigteil, Schneide, Werkzeugträger, Spannmittel, Maschinenelemente, Arbeitsraum und Schutzzonen zuordnen.

Mit Ausnahme von Arbeitsraum, Schutzzonen und Teilen der Maschinenelemente, wie etwa dem Maschinenbett, können alle Geometrien bewegt werden. Daher ist es notwendig, für diese sowohl ein Modell an der aktuellen Position, als auch für eine etwaige Kollisionskontrolle das im betrachteten Zeitabschnitt durchlaufene Volumen bereitzuhalten. Zur Vermeidung von Fehlerfortpflanzungen ist es außerdem sinnvoll, ein Urmodell des bewegten Körpers zu halten, auf das jeweils die Transformation an die aktuelle Position angewendet wird. Um einen schnellen Überblick über die durchgeführte Bewegung eines Körpers zu erhalten, genügt es oft, die Bewegung eines Bezugspunktes durch einen Linienzug, die **Bezugspunktspur**, darzustellen. Auf die Berechnung dieser Geometriedaten wird im Kapitel 4.2 bei der Betrachtung der FE Volumenspurerzeugung näher eingegangen werden.

Bild 4.5 zeigt den daraus resultierenden internen Aufbau der Datenhaltung. Allen Geometrieklassen können beliebig viele Geometrieobjekte zugeordnet werden. Zu jedem Geometrieobjekt kann ein Geometriemodell im Ursprung, eines an der aktuellen Position, eine Volumenspur, sowie eine Bezugspunktspur gehören. Mit Ausnahme der Bezugspunktspur, die immer durch einen Linienzug dargestellt wird, können die Geometriemodelle sowohl als ebene Polygonsets, als auch als Polyeder ausgeprägt sein.

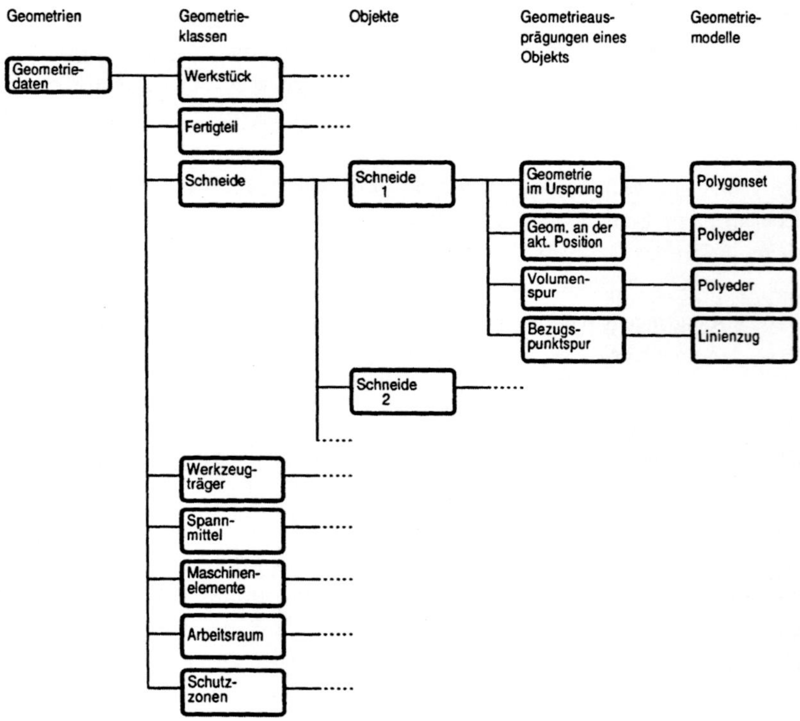

<u>Bild 4.5:</u>   Aufbau der internen Datenhaltung

Um die Übersichtlichkeit der Darstellung zu erhöhen, ist es manchmal wünschenswert, einzelne Geometrieobjekte oder aber ganze Klassen ein- oder ausblenden, oder sie in einer anderen Farbe darzustellen zu können. Daher muß das Funktionsmodul Methoden enthalten, um Geometrieobjekt- und -klassenattribute setzen und abfragen zu können.

Bestimmten zusammengehörigen Geometrieobjekten, wie beispielsweise Werkstücken und Fertigteilen, oder Schneiden und Werkzeugträgern, sollten außerdem gemeinsame Attribute, wie etwa Namen, zugeordnet werden können. Zu diesem Zweck werden zusätzlich Methoden zur Manipulation der Attribute von **Geometrieobjektgruppen** eingeführt. In Tabelle 4.3 ist aus Gründen der Übersichtlichkeit jeweils nur eine Methode für die Manipulation der Objekt-, Gruppen- bzw. Klassenattribute dargestellt.

Funktionsmodul interne Datenhaltung	
Methoden	Attribute
addiere_objekt lösche_objekt setze_objekt_attribute lese_objekt_attribute setze_gruppen_attribute lese_gruppen_attribute setze_klassen_attribute lese_klassen_attribute	Geometriedaten Objekteigenschaften Gruppeneigenschaften Klasseneigenschaften

Tabelle 4.3:   Methoden und Attribute des Funktionsmoduls interne Datenhaltung

4.1.4   Funktionsmodul Geometrieschnittstelle

Die Einführung einer CAD-NC Kopplung erlaubt die Übernahme vorhandener Geometriedaten in das Simulationssystem. Die Untersuchung mehrerer Beschreibungsformen in Kapitel 3.1.3 hat gezeigt, daß Sweepkörper, parametrisierbare Grundkörper und Flächenlisten am besten geeignet sind.

Funktionsmodul Geometrieschnittstelle	
Methoden	Attribute
lese_geometriedatei lösche_geometriedatei geometriedateiverzeichnis	

Tabelle 4.4:   Methoden des Funktionsmoduls Geometrieschnittstelle

Das Funktionsmodul Geometrieschnittstelle stellt Methoden zur Verfügung, um Dateien einzulesen, zu interpretieren und die internen Datenmodelle aufzubauen. Wenn ein Geometriemodell aus mehreren Teilkörpern besteht, werden letztere unter Zuhilfenahme der Funktionsmodule für 2D- oder 3D-Modellierung boolesch verknüpft.

Bild 4.6 zeigt beispielhaft die Generierung eines aus Flächen und Punktelisten bestehenden BSP-Baums aus einer Geometriebeschreibungsdatei (A).

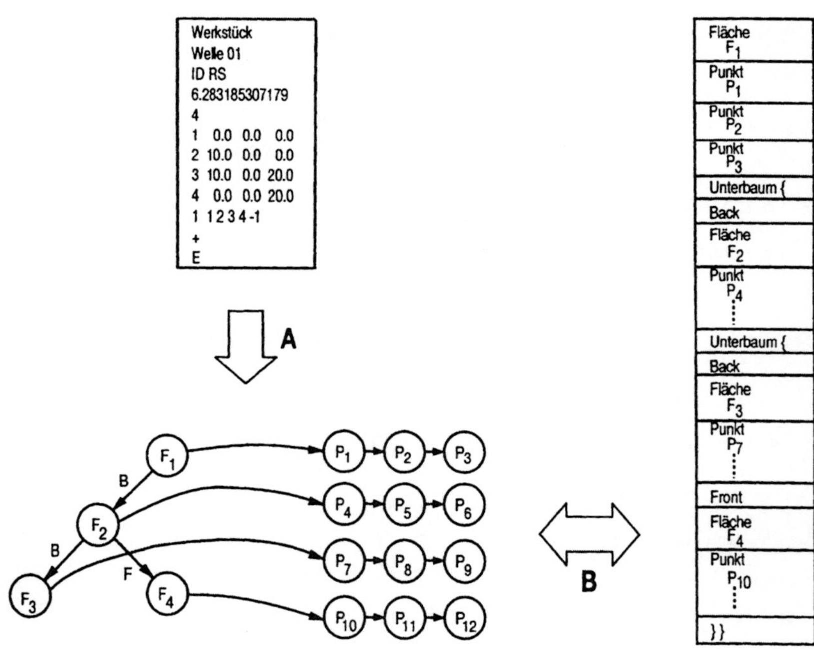

<u>Bild 4.6:</u>   Einlesen von Daten über eine allgemeine Geometrieschnittstelle (A) und Zwischenspeichern interner Modelle durch Transformation von verzeigerter in sequentielle Struktur(B)

Oft ist es wünschenswert, einen bestimmten Zustand des Simulationssystems abspeichern zu können, um die Möglichkeit zu haben, zu einem späteren Zeitpunkt genau an einer bestimmten Stelle wiederaufzusetzen (B). Die Geometrieschnittstelle ist unabhängig vom rechnerinternen Modellierungsverfahren und daher für die Modell-

zwischenspeicherung ungeeignet. Es ist daher zweckmäßig, ein weiteres Funktionsmodul für die Modellspeicherung einzuführen.

4.1.5   Funktionsmodul Modellspeicherung

Geometriemodelle werden rechnerintern typischerweise durch verkettete Listen oder
Baumstrukturen dargestellt. Die beiden Fällen zugrundeliegende Verzeigerung ist für
eine Modellierung im Hauptspeicher geeignet, da auf die Speicherzellen direkt, wahlfrei
und schnell zugegriffen werden kann. Bei Massenspeichermedien, wie beispielsweise
Festplatten, wäre eine Verzeigerung zwar prinzipiell in gleicher Weise möglich, wird
aber aus Performance- und Organisationsgründen nicht verwendet. Das Funktionsmodul
Modellspeicherung stellt daher Methoden zur Transformation von verzeigerten in
sequentielle Strukturen für das Schreiben und Lesen von internen Daten auf Massen-
speicher zur Verfügung. Im Gegensatz zur Geometrieschnittstelle ist das verwendete
Datenformat von der Art der Modellierung abhängig und daher proprietär.

Funktionsmodul Modellspeicherung	
Methoden	Attribute
speichere_geometriemodell lese_geometriemodell lösche_geometriemodell geometriemodellverzeichnis	

Tabelle 4.5:   Methoden des Funktionsmoduls Modellspeicherung

4.1.6   Funktionsmodul Kollisionserkennung

Die Kollisionserkennung kann im allgemeinen mit Hilfe von Sensoren, grafisch-visuell
durch den Bediener, sowie durch eine analytische Kollisionsrechnung erfolgen /71/.
Unter Zuhilfenahme eines Simulationssystems können die beiden letztgenannten Verfahren angewendet werden. Die grafisch-visuelle Kollisionskontrolle erfordert keine
gesonderte Betrachtung, da die Kollisionserkennung durch den Bediener erfolgt. Wie
bereits in Kapitel 2.3.3.4 diskutiert wurde, stellt die geometrische Schnittbildung für die
analytische Kollisionsrechnung ein geeignetes Verfahren dar.

- 88 -

Funktionsmodul Kollisionserkennung	
Methoden	Attribute
kollisionserkennung_ein_aus setze_attribut_kollisionspaarung lese_attribut_kollisionspaarung setze_kollisionsmatrix lese_kollisionsmatrix	kollisionserkennung_ein_aus kollisionsmatrix

<u>Tabelle 4.6:</u>   Methoden und Attribute des Funktionsmoduls Kollisionserkennung

Unter Zugrundelegung der in Kapitel 4.1.4 definierten Geometrieklassen können die in Bild 4.7 dargestellten Kollisionsfälle auftreten. Die Kollisionspaarung Werkstück und Schneide stellt einen Sonderfall dar, da nur dann eine Kollision vorliegt, wenn beispielsweise die Spindel steht, oder Verfahren im Eilgang angewählt wurde. Einen weiteren Sonderfall stellt die Kollisionspaarung Fertigteil und Schneide dar, da es sich hierbei nicht um eine echte Kollision, sondern um eine Konturverletzung handelt.

	Werkstück	Fertigteil	Schneide	Werkzeugträger	Spannmittel	Maschinenelemente	Arbeitsraum	Schutzzonen
Werkstück	●							
Fertigteil								
Schneide	○	○	●					
Werkzeugträger	●		●	●				
Spannmittel			●	●				
Maschinenelemente	●		●	●	●	●		
Arbeitsraum			●	●				
Schutzzonen			●	●		●		

● Kollisionsgefahr
○ Sonderfälle

<u>Bild 4.7:</u>   Mögliche Kollisionsfälle

Da geometrische Modellieroperationen vorgenommen werden müssen, bestimmt die Anzahl der zu überprüfenden Kollisionspaarungen die erreichbare Simulationszykluszeit wesentlich. Es ist daher notwendig, die Überprüfung bestimmter Kollisionspaarungen ein- oder ausschalten zu können. Tabelle 4.6 enthält darüber hinaus Methoden, um die Kollisionserkennung insgesamt an- oder abzuwählen.

4.1.7   Funktionsmodul Werkzeugverwaltung

Bei der Bearbeitung eines Werkstücks ist es im allgemeinen erforderlich, mit mehreren unterschiedlichen Werkzeugen zu operieren. Moderne Maschinen erreichen Werkzeugwechselzeiten, die unter 1 s betragen können. Gerade bei der Serienfertigung wird ein Werkzeug oft in kurzen zeitlichen Abständen genutzt.

Um mit einem Simulationssystem Echtzeitbedingungen genügen zu können, ist es notwendig, die neuen Werkzeugdaten bei einem Werkzeugwechsel ausreichend schnell bereitstellen zu können. Da das Lesen einer Geometriedatei aus der externen Datenhaltung sowohl wegen der Zugriffszeiten, als auch wegen der Dekodierung ein zeitaufwendiger Prozeß ist, müssen die Werkzeuggeometriedaten intern verwaltet werden.

Funktionsmodul Werkzeugverwaltung	
Methoden	Attribute
lade_werkzeugliste lade_werkzeug lösche_werkzeugliste lösche_werkzeug wechsle_werkzeug	werkzeuglisten

Tabelle 4.7:   Methoden und Attribute des Funktionsmoduls Werkzeugverwaltung

Zu diesem Zweck wird das Funktionsmodul Werkzeugverwaltung eingeführt. Seine wesentlichen Aufgaben bestehen darin, eine interne Werkzeugliste mit Referenzen zu Schneiden und Werkzeugträgern zu verwalten, sowie die Verbindung zur internen Datenhaltung herzustellen. Die Beauftragung der Werkzeugverwaltung erfolgt indirekt über die Steuerdatenaufbereitung der Simulation, beispielsweise wenn im Teileprogramm eine T-Anweisung enthalten ist.

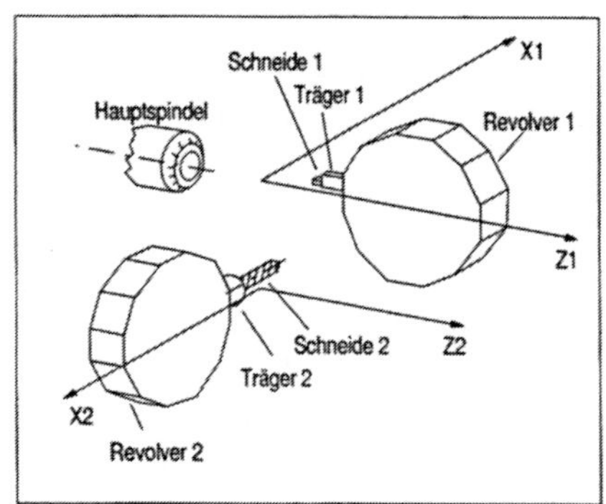

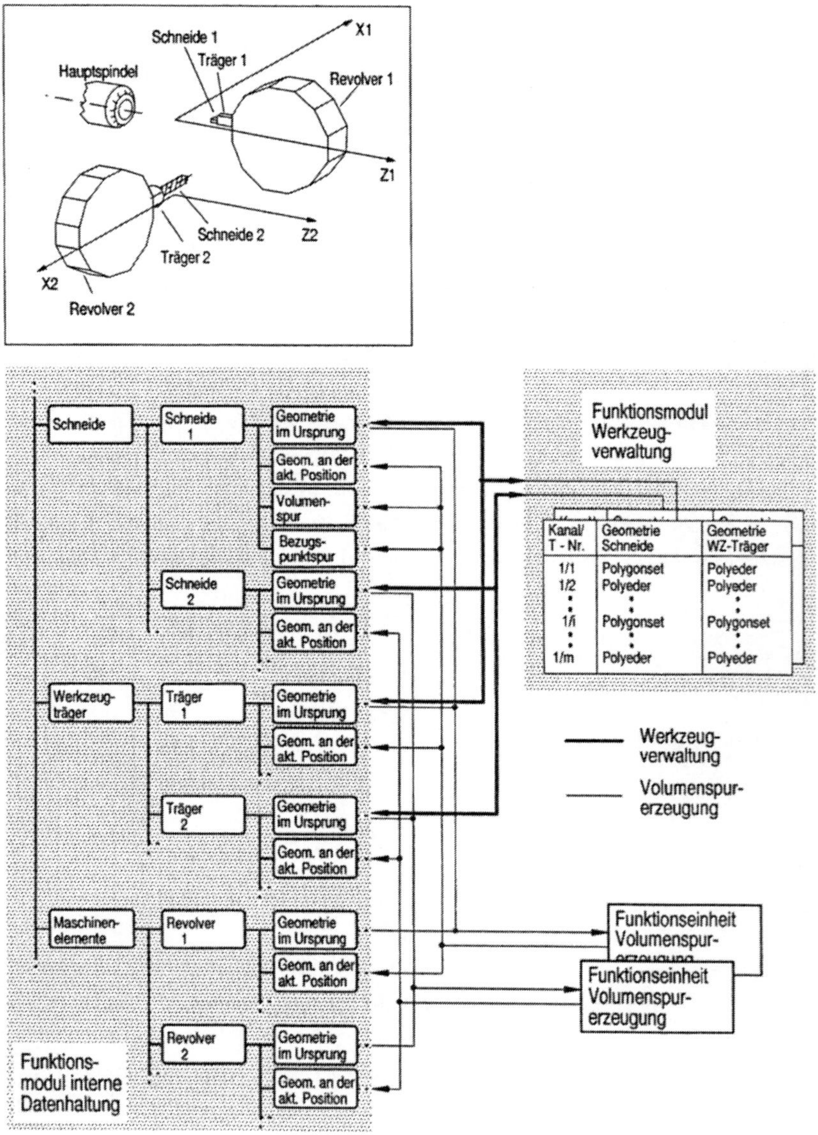

Bild 4.8: Zusammenspiel von Werkzeugverwaltung, interner Datenhaltung und Volumenspurerzeugung am Beispiel der Doppelschlittendrehbearbeitung

Zur Verdeutlichung des Zusammenspiels von Werkzeugverwaltung und Volumenspurerzeugung soll das in Bild 4.8 dargestellte Beispiel dienen. Die beiden Revolver 1 und 2 können gedreht werden, um unterschiedliche Werkzeuge einzuwechseln. Die Programmierung der beiden Revolver erfolgt separat über zwei NC-Kanäle. Für jeden Kanal existiert eine eigene Werkzeugliste, da die Werkzeuge nicht von einem Revolver zum anderen gewechselt werden können. Da mit beiden Werkzeugen das gleiche Werkstück bearbeitet wird, sind zwei Instanzen der FE Volumenspurerzeugung, aber nur eine gemeinsame Instanz der FE Modellierung notwendig. Im Falle eines Werkzeugwechsels übergibt das Funktionsmodul Werkzeugverwaltung die Referenzen auf die neue Schneide und den Werkzeugträger an die interne Datenhaltung. Die beiden FE Volumenspurerzeugung sind jeweils für die Modellgenerierung eines Revolvers, einer Schneide und eines Werkzeugträgers zuständig.

Das Funktionsmodul Werkzeugverwaltung könnte prinzipiell auch der Funktionseinheit Volumenspurerzeugung zugeordnet werden, da pro Revolver eine Werkzeugliste existiert. Dem steht jedoch entgegen, daß die Werkzeuggeometrien in die interne Datenhaltung der FE Modellierung eingetragen werden müssen. Außerdem ist zum Einlesen von Daten aus der externen Datenhaltung in eine interne Werkzeugliste eine Kooperation mit dem FM Geometrieschnittstelle notwendig, die ebenfalls zur FE Modellierung gehört.

4.2   Funktionseinheit Volumenspurerzeugung

Die Aufgabe der Funktionseinheit Volumenspurerzeugung besteht darin, für einen starren Körper alle in einem Simulationszyklus für Modellaktualisierung, Kollisionskontrolle und Visualisierung notwendigen Geometrieinformationen bereitzustellen. Ein starrer Körper kann selbst wiederum aus beliebig vielen starren Teilkörpern zusammengesetzt sein, deren relative Lage jedoch unveränderlich sein muß.

Die Lage eines Körpers im Raum kann auf verschiedene Arten beschrieben werden. In der Fertigungstechnik werden häufig Werte, die eine technologische Bedeutung besitzen oder Achskoordinaten entsprechen, verwendet. So wird zum Beispiel beim fünfachsigen Fräsen die Orientierung des Werkzeugs häufig durch Voreil- und Kippwinkel, beide bezogen auf die zu fahrende Bahn und den Normalenvektor der Werkstück-Oberfläche, beschrieben. Diese Definitionen sind jedoch nicht für einen breiten Anwendungsbereich geeignet. Um eine universelle Verwendbarkeit der Lageschnittstelle der Funktionseinheit Volumenspurbildung zu gewährleisten, wird stattdessen festgelegt, daß die Lage eines Körpers, wie in Bild 4.9 dargestellt, durch zwei Vektoren für Position und Orientierung, basierend auf einem kartesischen Koordinatensystem, zu beschreiben ist.

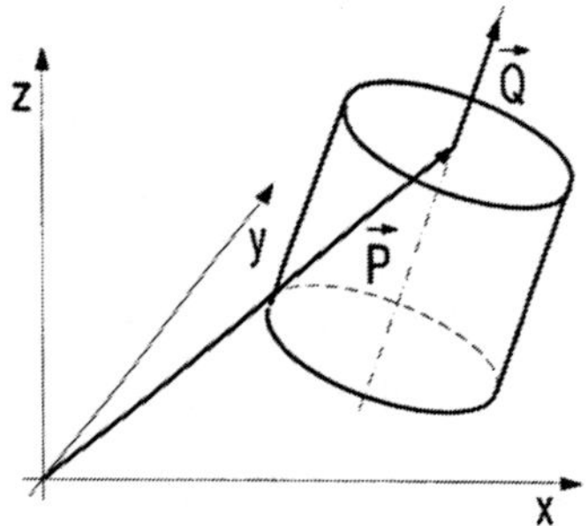

Bild 4.9:   Lagebeschreibung durch Vektoren für Position und Orientierung

Die Volumenspur eines Körpers beschreibt sein im Simulationszyklus durchlaufenes Volumen. Für die Bildung wird daher neben der aktuellen auch die alte Lage benötigt. In /4/ wird vorgeschlagen, zwischen beiden Stützpunkten zu interpolieren, beispielsweise bei kreisförmigen Bewegungen. Dies kann zu Abweichungen gegenüber dem realen Prozeß führen, da unterschiedliche Interpolationsalgorithmen in Simulation und NC verwendet werden. Außerdem werden spezielle Funktionsmodule notwendig, wenn neue Interpolationsverfahren, beispielsweise für die Splineverarbeitung, in die NC integriert werden. Aus diesen Gründen wird vereinbart, daß zwischen zwei Stützpunkten generell nicht weiter interpoliert wird. Wie in Kapitel 3.1.1 diskutiert wurde, bleibt es Aufgabe der Geometriedatenverarbeitung der NC, das Simulationssystem mit interpolierten Stützpunkten zu versorgen.

Die zu erzeugenden Geometrieinformationen sind von der Simulationsbetriebsart abhängig. Wegen der Anschaulichkeit sollen die Aufgaben der Funktionseinheit Volumenspurerzeugung am Beispiel der 2D-Simulation für die Standarddrehbearbeitung diskutiert werden. Das in Bild 4.10 verwendete Werkzeug besteht aus zwei Teilkörpern der Geometrieklasse Werkzeugträger, sowie einem Schneidplättchen.

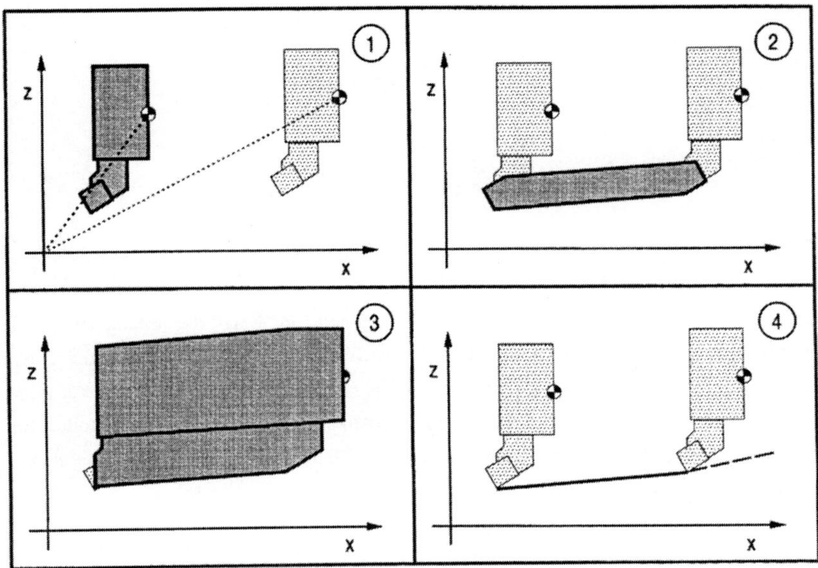

<u>Bild 4.10:</u> Aufgaben der Funktionseinheit Volumenspurerzeugung

Für eine Animation ohne Modellaktualisierung genügt es, die Teilkörper an ihre neue Position zu transformieren (Teilbild 1). Die Modellaktualisierung erfordert die Berechnung des zerspanten Volumens. Es ist daher notwendig, die Volumenspuren aller Elemente der Geometrieklasse Schneide zu bilden (Teilbild 2). Für die rechnerische Kollisionskontrolle sind darüberhinaus die Volumenspuren aller in der Kollisionsmatrix angewählten Geometrieklassen zu erzeugen.

In Teilbild 3 ist beispielhaft die Volumenspur der Geometrieklasse Werkzeugträger dargestellt. Ausschließlich der Visualisierung dient schließlich die Bezugspunktspur (Teilbild 4). Sie erlaubt eine übersichtliche Darstellung von Verfahrbewegungen eines Teilkörpers.

Wie schon in Bild 4.8 dargestellt, arbeitet die FE Volumenspurerzeugung eng mit dem FM interne Datenhaltung zusammen. Sämtliche Geometriedaten werden dort abgelegt. Zur Vermeidung von Fehlerfortpflanzungen ist es notwendig, die Transformationen jeweils auf die Geometrien im Ursprung anzuwenden.

Funktionseinheit Volumenspurerzeugung	
Methoden	Attribute
füge_objekt_hinzu lösche_objekt aktuelle_lage bilde_volumenspur	objektliste technologie

Tabelle 4.8:   Methoden und Attribute der Funktionseinheit Volumenspurerzeugung

Die Berechnung des zerspanten Volumens hängt von der Relativbewegung zwischen Werkzeug und Werkstück ab und kann nur bei stillstehendem Werkstück allein auf der Basis der Werkzeugbewegung gebildet werden. Sie ist daher abhängig von der Fertigungstechnologie und der Maschinenkinematik. Einige besondere Fälle sollen im folgenden untersucht werden, da sie für unterschiedliche Fertigungstechnologien eingesetzt werden können.

4.2.1   Funktionsmodul Flächenspuren

In der Simulationsbetriebsart 2D ist es notwendig, anstelle des im Simulationszyklus durchlaufenen Volumens die überstrichene Fläche zu berechnen. Allgemein formuliert muß dieses Funktionsmodul daher das entstehende Polygonset berechnen, das durch die lineare Verschiebung eines anderen Polygonsets erzeugt wird. Dieses Funktionsmodul kann beispielsweise für die 2D-Simulation der Drehbearbeitung oder des 2 1/2 achsigen Fräsens eingesetzt werden.

Soll die Translation auf konvexe Polygone angewendet werden, so läßt sich die resultierende Flächenspur bilden, indem nur die Kanten, die in Bewegungsrichtung zeigen, verschoben werden. Zwischen die verschobenen und die ursprünglichen Kanten sind Übergangskanten einzufügen. In Bewegungsrichtung zeigende Kanten werden die genannt, bei denen das Skalarprodukt zwischen ihrem Normalenvektor und dem Verschiebungsvektor größer null ist. Im Bild 4.11, Teilbild 1b, sind die verschobenen Kanten fett und die Übergangskanten fett gestrichelt dargestellt.

Ein weiteres simples Verfahren zur Bestimmung der Fläche, die von einem Polygon bei seiner Bewegung entlang eines Vektors überstrichen wurde, basiert darauf, die Vereinigungsmenge des ursprünglichen Polygons und der Flächenspuren aller seiner in

Bewegungsrichtung zeigenden Kanten zu bilden. Um das in Teilbild 2a dargestellte Polygon entlang des Vektors v zu verschieben, werden die Flächenspuren der drei in Teilbild 2b fett dargestellten Kanten boolesch zum ursprünglichen Körper addiert. Dieses Verfahren benötigt mehr Rechenzeit, bietet jedoch den Vorteil, auch für konkave Polygone und Polygonsets angewendet werden zu können.

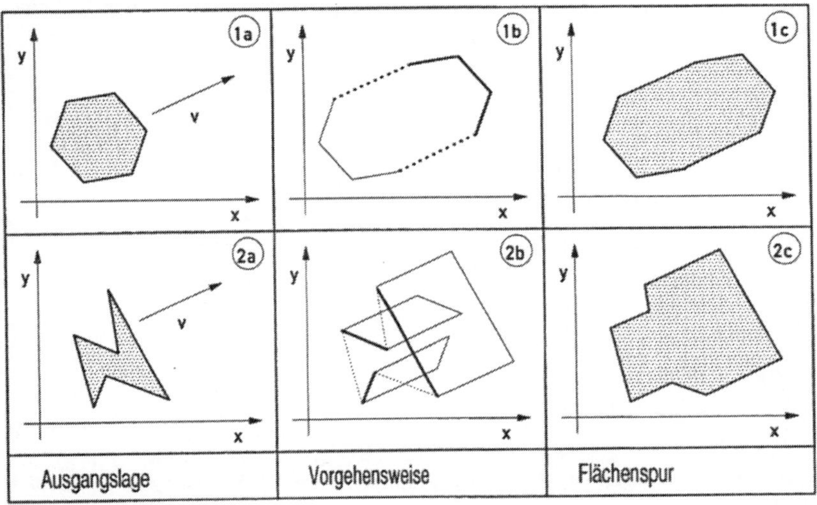

<u>Bild 4.11:</u> Bildung von Flächenspuren für konvexe (1) und konkave (2) Polygone.

4.2.2 Funktionsmodul rotatorische Volumenspur

Wenn sich das Werkstück während der Bearbeitung dreht, wie etwa beim Drehen oder Rundschleifen, entstehen rotationssymmetrische Volumenspuren. Die Berechnung einer derartigen 3D-Volumenspur basiert zweckmäßigerweise auf einer 2D-Flächenspur. Das Funktionsmodul kann daher als Erweiterung des im vorigen Kapitel beschriebenen Funktionsmoduls in der Simulationsbetriebsart 3D eingesetzt werden. Bild 4.12 zeigt, wie aus der Flächenspur aus Bild 4.10, Teilbild 2, durch rotatorisches Sweeping eine Volumenspur entsteht.

Einen Sonderfall stellt das Gewindeschneiden dar, da in diesem Fall Spindeldrehung und Vorschub synchronisiert erfolgen. Die resultierende Volumenspur ist dann nicht rotationssymmetrisch, sondern helixförmig ausgeprägt. Da sich die meisten Gewinde einfach durch Parameter wie Gewinderichtung, -nenndurchmesser, -teilung, -steigung und -typ parametrisch beschreiben lassen, ist die Entwicklung eines Funktionsmoduls für Gewinde möglich. Der genauen Darstellung steht jedoch ein Performanceverlust durch die große Menge zu verarbeitender Flächen gegenüber, sodaß im Regelfall eine abstrahierte Darstellung vorzuziehen ist.

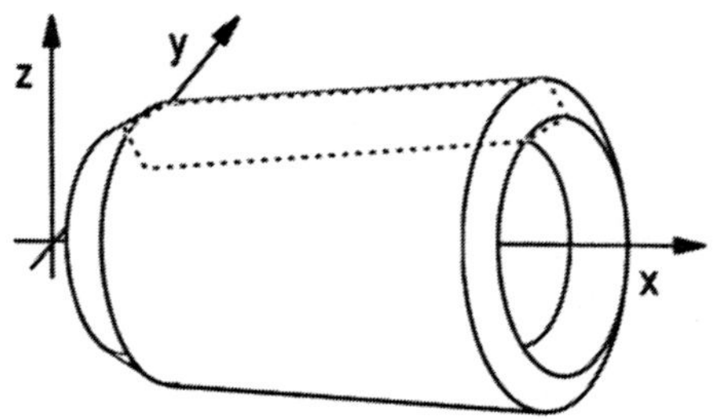

Bild 4.12:   Rotatorische Volumenspur

Auch aus dem Bereich des Schleifens sind eine Reihe von Technologien mit ähnlich gelagerter Problematik bekannt. Als Beispiel sei hier nur das Wälzschleifen von Zahnrädern genannt, bei dem ebenfalls ein synchronisiertes Verfahren mehrerer Achsen erforderlich ist. Für die Volumenspurerzeugung ist die Entwicklung eigener Funktionsmodule hier unumgänglich, da die entstehenden Spanvolumina nicht auf die zuvor beschriebenen Fälle zurückgeführt werden können.

4.2.3   Funktionsmodule translatorische Volumenspur und rotierendes Werkzeug mit konstanter Orientierung

Werden Körper entlang eines Vektors linear verschoben, ohne daß sich ihre Orientierung ändert, so entstehen translatorische Volumenspuren. Diese werden häufig benötigt, wenn eine rechnerische Kollisionskontrolle durchgeführt werden soll und zu überprüfende Geometrieobjekte eine lineare Bewegung durchführen. Die Berechnung der Volumenspuren kann mit denselben Prinzipen, wie sie bei den Flächenspuren in Kapitel

4.2.1 vorgestellt wurden, erfolgen. In der Beschreibung der Vorgehensweise sind lediglich die Begriffe Kante durch Fläche, Polygon(-set) durch Polyeder und Flächenspur durch Volumenspur zu ersetzen.

Von besonderer Bedeutung ist der Sonderfall, bei dem das zu verschiebende Geometrieobjekt rotationssymmetrisch ist. Dieser Fall tritt beim Bohren oder dreiachsigen Fräsen, aber auch beim Umfangs- oder Seitenschleifen auf. Das rotierende Werkzeug verändert zwar seine Position, nicht jedoch seine Orientierung.

Wie in Bild 4.13 dargestellt, lassen sich dabei drei Fälle unterscheiden:
- Bewegung in Richtung des Achsrichtungsvektors,
- Bewegung senkrecht zum Achsrichtungsvektors und
- schräges Verfahren.

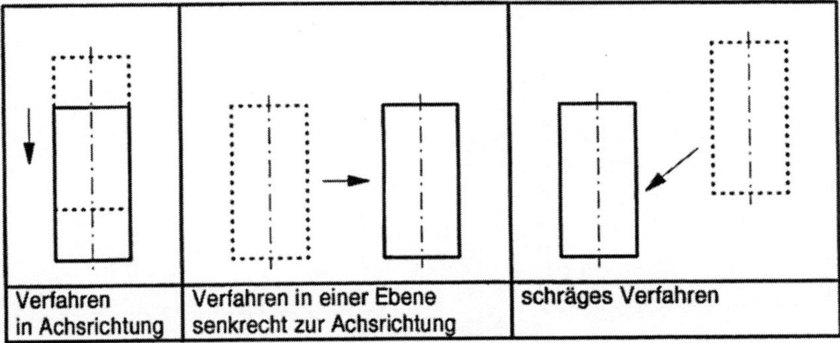

<u>Bild 4.13:</u> Klassifizierung der Volumenspuren bei rotierendem Werkzeug und konstanter Achsrichtung

Bei einer 3D-Simulation von bis zu dreiachsigen Fräs- und Bohrvorgängen ohne rechnerische Kollisionskontrolle treten ausschließlich diese drei Sonderfälle auf. Es ist daher zweckmäßig, für sie ein eigenes, optimiertes Funktionsmodul einzuführen.

4.3   Funktionseinheit Visualisierung

Um eine weitestgehende Unabhängigkeit des Simulationssystems vom Grafiksubsystem zu erreichen, trotzdem aber gegebenenfalls dessen Fähigkeiten ausnutzen zu können, wurde in Kapitel 3.2 eine Untergliederung in die beiden Funktionseinheiten Visualisierung und Grafikdatenaufbereitung, sowie das Grafiksubsystem vorgenommen. Wie Bild 4.14 zeigt, kommt der FE Grafikdatenaufbereitung dabei die Funktion eines Zielsystemabhängigen Anpaßmoduls zu.

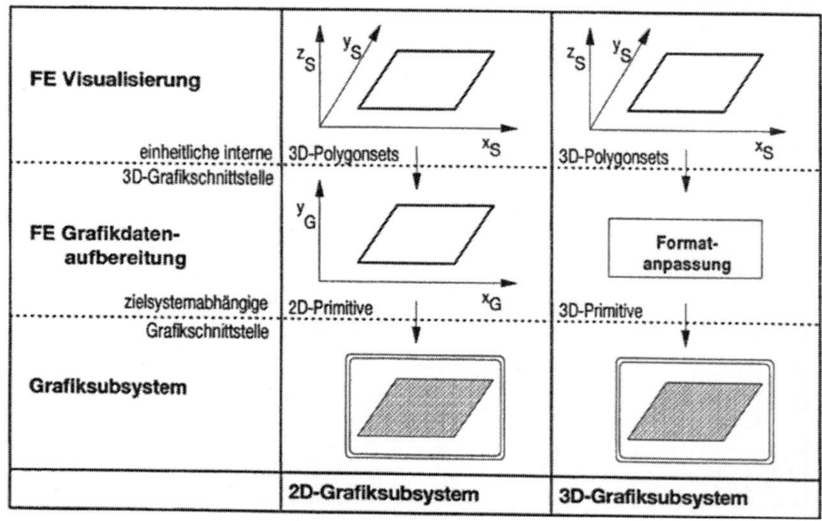

Bild 4.14   Zusammenspiel von Visualisierung, Grafikdatenaufbereitung und
Grafiksubsystem

Die Aufgabe der Funktionseinheit Visualisierung besteht darin, die rechnerinternen Modelle darstellungsgerecht und nach den Wünschen des Bedieners aufzubereiten und Grafikdaten über eine zu definierende interne Schnittstelle an die FE Grafikdatenaufbereitung zu übergeben. Wie bereits in Bild 3.7 gezeigt wurde, können durch das Anlegen mehrerer Instanzen der FE Visualisierung unterschiedliche Abbildungen einer Szene gleichzeitig dargestellt werden. Jedem Fenster auf der grafischen Ausgabeeinheit ist genau eine Instanz der FE Visualisierung zugeordnet.

4.3.1 Unterdrückung verdeckter Flächen und Kanten

Das Ausblenden verdeckter Kanten und Flächen erfordert im allgemeinen Fall die Berechnung der sichtbaren Anteile einer jeden Teilfläche. Das obere Beispiel in Bild 4.15 zeigt, daß ansonsten bei zwei sich schneidenden Flächen Fehler in der Darstellung auftreten. Gleiches gilt auch, wenn wie im unteren Beispiel gekrümmte Flächen enthalten sind.

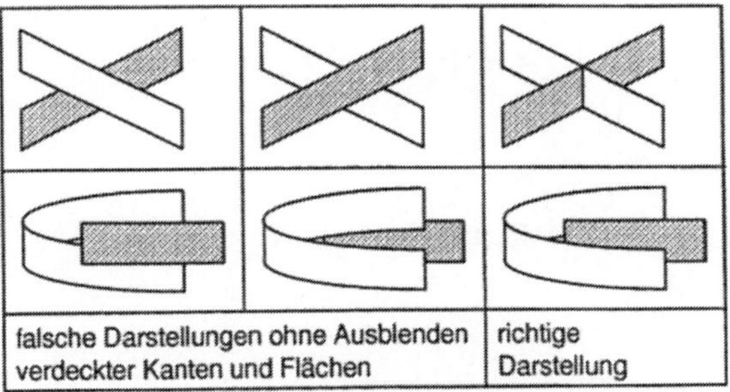

Bild 4.15: Ausblenden verdeckter Kanten und Flächen
durch Berechnung der sichtbaren Anteile

Zur Lösung dieses Problems sind in der Literatur eine Reihe von Algorithmen zu finden /73/. Beim BSP-Modell treten weder gekrümmte noch sich schneidende Flächen auf. In diesem speziellen Fall kann, wie in Kapitel 2.3.3.3 gezeigt wurde, die Unterdrückung verdeckter Kanten und Flächen auch durch eine priorisierte Flächenausgabe erfolgen. Dies bedeutet, daß die dem Betrachter am nächsten liegenden Flächen zuletzt ausgegeben werden, wobei Teile der vorher ausgegebenen, weiter hinten liegenden Flächen eventuell überschrieben werden können.

Aus Bild 4.16 läßt sich außerdem entnehmen, daß nur die auf den Betrachter zu weisenden Flächen (bei denen also das Skalarprodukt zwischen Normalenvektor der Fläche und Blickrichtung kleiner null ist) ausgegeben werden müssen, da bei geschlossenen Körpern die vom Betrachter weg zeigenden Flächen immer von näher am Betrachter liegenden, auf ihn zu weisenden Flächen überlagert werden müssen.

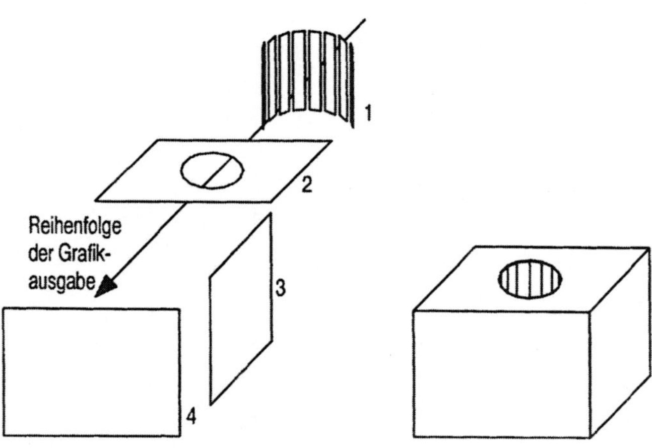

Bild 4.16: Ausblenden verdeckter Kanten und Flächen durch priorisierte Flächenausgabe

Das Berechnen der sichtbaren Flächenteile erfordert komplexe Sortierverfahren und ist daher verhältnismäßig zeitaufwendig. Bei der priorisierten Flächenausgabe müssen vom Grafiksubsystem mehr Pixel des Grafikspeichers beschrieben werden, da einzelne Pixel mehrfach überschrieben werden können. Dies beansprucht jedoch selbst bei einfachsten Grafiksubsystemen sowenig Zeit, daß die priorisierte Flächenausgabe der Berechnungsmethode vorzuziehen ist.

4.3.2 Schattierung

Für die Flächenschattierung polygonorientierter Modelle sind verschiedene Verfahren bekannt. Beim Flat Shading erhalten alle Punkte einer ebenen Fläche den gleichen Farbwert. Die grafische Darstellung weist scharfe Übergänge zwischen Nachbarflächen auf und hat daher eine geringere Qualität, als Grafiken, die mit Hilfe von Gouraud- oder Phong-Shading erstellt wurden /78/. Da die in beiden Fällen vorzunehmende Farbwertinterpolation zwar zu einer realistischeren Darstellung führt, jedoch zusätzliche Rechenzeit erfordert und keine wesentlichen neuen Informationen für den Betrachter bietet, ist ihre Anwendung in einem Simulationssystem nicht zweckmäßig.

Zur Erzeugung realitätsnaher Schattierungen sind mehrere virtuelle Lichtquellen unterschiedlicher Intensität notwendig. Aus den gleichen Gründen, wie zuvor bei der Farbwertinterpolation, erscheint eine Beschränkung auf eine Lichtquelle sinnvoll.

4.3.3 Schnittstelle zum Grafiksubsystem

Die interne Modellierung baut sowohl bei der 2D-Kantenzug-, als auch bei der 3D-Polyederdarstellung auf räumlichen Polygonsets auf. Durch die hohen Datenmengen, die entstehen, wenn aus einem rechnerinternen Modell Bildpunkte für ein Rastergrafiksystem generiert werden, hat die Wahl der Schnittstelle zum Grafiksubsystem besondere Bedeutung für die Leistungsfähigkeit des gesamten Simulationssystems.

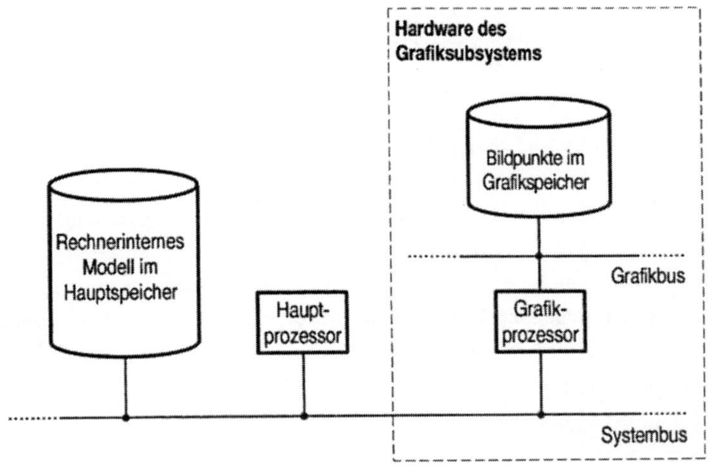

<u>Bild 4.17:</u> Systembus als Hardware-Schnittstelle zum Grafiksubsystem

Einfachere Grafiksubsysteme, die beispielsweise den aus dem Personal-Computer-Bereich bekannten VGA-Standard (Video Graphics Array) unterstützen, verfügen über pixelorientierte Grafikcontroller, die die Umsetzung von Polygonsets in Bildpunkte nicht selbständig ausführen können. Wie aus Bild 4.17 hervorgeht, müssen in diesem Fall die Informationen für alle Bildpunkte nach jedem Simulationszyklus über den Systembus zum Grafiksubsystem übertragen werden.

Moderne Grafikprozessoren, wie beispielsweise der TMS 34020 der Firma Texas Instruments, bieten durch im Hinblick auf Grafikanwendungen optimierte Microbefehle und freie Programmierbarkeit in Hochsprache die Möglichkeit, alle Teilschritte, die bei der Darstellung einer räumlichen Fläche anfallen, im Grafiksubsystem auszuführen. Da nur Polygonsets übertragen werden müssen, ist die Belastung des Systembusses bei dieser Lösung wesentlich geringer. Die Software-Schnittstelle zum Grafiksubsystem muß daher die Übertragung von Polygonsets ermöglichen, um diese Fähigkeiten ausnutzen zu können.

Bezugspunktspuren, Achsenkreuz oder Bemaßungshilfslinien basieren nicht auf Flächen, sondern auf Linien. Für deren Ausgabe sind daher 3D-Linienzüge erforderlich. Eine vollständige Beschreibung der Grafikschnittstelle kann erst erfolgen, wenn die Randbedingungen des Grafiksubsystems hinsichtlich Transformationen und Bildspeicherverwaltung näher untersucht wurden. Auf sie wird daher in Kapitel 5 näher eingegangen werden.

4.3.4 Funktionsmodul Darstellungsmanipulation

Oft ist ein Betrachter nur an einem bestimmten Ausschnitt des Gesamtmodells interessiert. Für die Kontrolle des Bearbeitungsfortschritts ist beispielsweise die Darstellung des Arbeitsraums ausreichend. Die Geometriekontrolle kann es notwendig machen, einen kleinen Ausschnitt des Werkstücks vergrößert darzustellen. Möchte man hingegen den Material- oder Werkzeugfluß kontrollieren, muß vielleicht das Gesamtmodell einer Maschine visualisiert werden. Diese Beispiele zeigen, daß für einen effizienten Einsatz des Simulationssystems vielfältige Funktionen zur Darstellungsmanipulation angeboten werden müssen.

Bei der 3D-Darstellung wird die Betrachtungsebene durch die Wahl des normierten Blickrichtungsvektors b bestimmt. Aber auch bei der 2D-Darstellung ist die Verwendung des Blickrichtungsvektors zweckmäßig, da beispielweise beim Drehen meist die Vorgänge in der x/z Ebene (Blickrichtungsvektor b = (0/-1/0)), beim Fräsen hingegen die in der x/y Ebene (Blickrichtungsvektor b = (0/0/-1)) des Simulationskoordinatensystems interessieren.

Der innerhalb der Betrachtungsebene darzustellende Bildausschnitt wird, wie Bild 4.18 zeigt, durch den zweidimensionalen Verschiebungsvektor v und den Vergrößerungsfaktor a bestimmt. Um schnell zum gewünschten Bildausschnitt innerhalb der Betrachtungsebene zu gelangen, sind Methoden zur Darstellung des gesamten Modells, sowie ein Ausschnittrahmen, der verschoben, vergrößert und verkleinert werden kann, sehr hilfreich, da dann auf Bestimmung und Eingabe von Zahlenwerten durch den Bediener verzichtet werden kann.

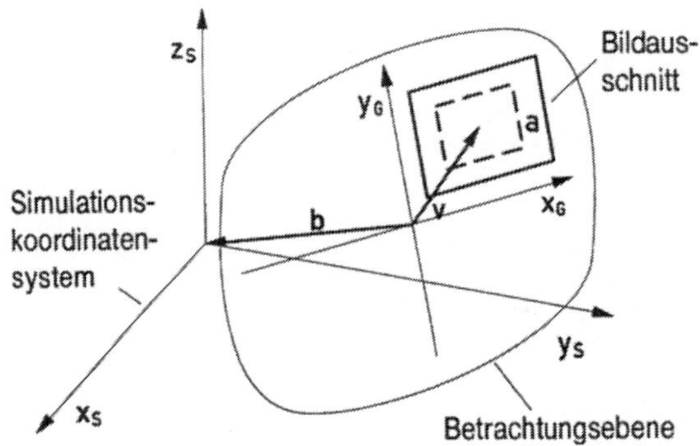

<u>Bild 4.18:</u> Bestimmung des Bildausschnitts

Ein weiterer Freiheitsgrad bei der Wahl des Bildausschnitts ist dadurch gegeben, daß das Koordinatensystem x_G/y_G in der Betrachtungsebene um seinen Ursprung gedreht werden kann. Versuche haben jedoch ergeben, daß diese Darstellungsmanipulation beim Betrachter eher zur Verwirrung führt. Aus diesem Grund erscheint es angebracht zu vereinbaren, daß die z_S-Achse im Bild stets vertikal oder, bei Drehung um 90 Grad, horizontal verläuft. Zur leichteren Orientierung kann auch ein eingeblendetes Achsenkreuz dienen.

Das Eliminieren verdeckter Kanten und Flächen, sowie das Ausfüllen von Polygonsets beim Schattieren kosten Rechenzeit. Es ist daher zweckmäßig, mindestens drei Einstellungsmöglichkeiten für die Darstellungsart vorzusehen. Der einfachste Darstellungsmodus ist das Drahtmodell, bei dem weder Kanteneliminierung noch Schattierung erfolgen. Der zweite beinhaltet das Ausblenden verdeckter Kanten. Schließlich erfolgt bei der schattierten Darstellung die Farbwahl einer Fläche unter Berücksichtigung des

Winkels zwischen Lichtrichtungsvektor und Flächennormale. Da die Eliminierung verdeckter Kanten wesentlich aufwendiger als die Schattierungsberechnung ist, bringt der erste Darstellungsmodus große Zeitvorteile, wohingegen zwischen zweitem und drittem nur marginale Unterschiede im Laufzeitverhalten entstehen.

Oft ist es nicht notwendig, alle Geometrieklassen darzustellen, beispielsweise wenn sicher ist, daß bei einem Teileprogramm keine Arbeitsraumverletzung auftritt. Auch die Bezugspunktspuren sind nicht immer alle notwendig. Aus diesen Gründen ist es sinnvoll, auch Methoden vorzusehen, um die Darstellung der Elemente einer Klasse abwählen zu können.

Funktionsmodul Darstellungsmanipulation	
Methoden	Attribute
setze_blickrichtungsvektor setze_vergrößerungsfaktor setze_verschiebungsvektor setze_lichtrichtungsvektor setze_darstellungsart achsenkreuz_ein_aus vollbild koordinatenabfrage ausschnittrahmen bild_drehen_90_grad setze_darstellung_geometrieklasse	blickrichtungsvektor vergrößerungsfaktor verschiebungsvektor lichtrichtungsvektor darstellungsart achsenkreuz_ein_aus darstellungen_geometrieklassen

Tabelle 4.9:   Methoden und Attribute des Funktionsmoduls Darstellungsmanipulation

4.3.5   Funktionsmodule für 2D- und 3D-Visualisierung

Die Visualisierung wird von der FE Modellierung beauftragt, wenn alle Modelliervorgänge eines Simulationszyklus abgeschlossen sind. Auch nach der Eingabe neuer Darstellungsparameter durch den Betrachter muß eine Beauftragung erfolgen, um eine neue Darstellung zu generieren.

Bei der 2D-Visualisierung können zwei Fälle unterschieden werden. In einem Fall liegen alle zu berücksichtigenden Geometrien tatsächlich in einer Ebene, wie beispielsweise beim Drehen. Dann müssen für die Visualisierung lediglich die Geometriemodelle der -objekte aller Klassen an ihrer aktuellen Position sequentiell ausgegeben werden. Da die Fertigteilkontur im Regelfall, also wenn keine Konturverletzung auftritt, vollständig innerhalb der während der Bearbeitung aktuellen Werkstückkontur liegt, muß die Ausgabe nach der der Werkstückkontur erfolgen. Die Ausgabe der Bezugspunktspuren bildet den Schluß.

Insbesondere im Zusammenhang mit der 2 1/2 achsigen Fräsbearbeitung ist ein zweiter Fall von Bedeutung, bei dem die zu berücksichtigenden Geometrien in verschiedenen, plan-parallelen Ebenen liegen. Während im ersten Fall Farben lediglich zur Unterscheidung der verschiedenen Geometrien dienen, können sie im zweiten Fall eine Tiefeninformation enthalten. Für die korrekte Darstellung müssen die Polygonsets der unterschiedlichen Ebenen nach der Tiefe sortiert ausgegeben werden. Auf diese Weise wird ein Ausblenden verdeckter Flächen erreicht. Für diese Art der Darstellung gilt die Einschränkung, daß schräge Flächen nur bedingt darstellbar sind.

Auch bei der 3D-Visualisierung müssen zwei Fälle unterschieden werden. Im ersten Fall, der Drahtdarstellung ohne Ausblenden verdeckter Kanten, müssen wie im ersten Fall der 2D-Visualisierung lediglich alle Geometrieobjekte sequentiell ausgegeben werden.

Funktionsmodule 2D- und 3D-Visualisierung	
Methoden	Attribute
visualisiere	

Tabelle 4.10: Methoden und Attribute der Funktionsmodule 2D- bzw. 3D-Visualisierung

Der zweite Fall umfaßt die Darstellungsmodi mit Eliminierung verdeckter Kanten und Flächen. Diese setzen voraus, daß alle zu betrachtenden Geometrieobjekte in einem einzigen Modell enthalten sind. Bei der Diskussion des Funktionsmoduls interne Datenhaltung wurde deutlich, daß die einzelnen Geometrieobjekte aus verschiedenen Gründen separat modelliert werden müssen. Vor der eigentlichen Visualisierung ist es daher notwendig, alle darzustellenden Geometriemodelle zu einem Gesamtmodell zu verknüpfen. Es ist zweckmäßig, diese Aufgabe der FE Modellierung zu übertragen. Da die bei der 3D-Modellierung entstandenen BSP-Teilmodelle genützt werden können, ist der

Rechenaufwand für die zusätzliche Modellierung im allgemeinen wesentlich geringer, als wenn eigene Algorithmen für die Berechnung der verdeckten Flächenteile eingesetzt werden. Dieser Vorteil wird noch größer, wenn mehrere Ansichten einer Szene gleichzeitig durch mehrere Instanzen der FE Visualisierung dargestellt werden sollen. Da das erstellte BSP-Gesamtmodell unabhängig von den Instanzdaten einer FE Visualisierung ist, ist es unter der Einschränkung, daß die darzustellenden Geometrieklassen für alle Funktionseinheiten Visualisierung gelten, möglich, ein gemeinsames Modell zu verwenden.

Die Grafikschnittstelle PHIGS enthält Strukturelemente, um ein Gesamtmodell dynamisch aus verschiedenen Teilmodellen zu bilden und die sichtbaren Flächenanteile zu berechnen /79/. Nicht enthalten sind Modellierungsfunktionalitäten, wie sie beispielsweise für die Werkstückaktualisierung benötigt werden. Wegen Größe und Komplexität von PHIGS-Implementierungen ist diese Schnittstelle zur Zeit für einen Einsatz in einer Steuerung nicht geeignet. Es ist jedoch denkbar, daß die 3D-Visualisierung bei steigender Rechenleistung, verbesserter Grafikunterstützung und fallenden Preisen zukünftig vollständig in das Grafiksubsystem verlagert wird.

4.3.6   Funktionsmodule zur grafischen Aufbereitung der Geometriemodelle

Die Aufgaben der Funktionsmodule für 2D- und 3D-Visualisierung beschränken sich im wesentlichen darauf, die internen Geometriemodelle darzustellen. Darüberhinaus sind eine Reihe von Funktionen, die eine grafische Aufbereitung der Modelle zur Erhöhung der Übersichtlichkeit und des Komforts vornehmen, bekannt. Da diese Funktionen nicht zwingend notwendig sind, ist es zweckmäßig, für sie optionale Funktionsmodule vorzusehen.

In Bild 4.19 ist dargestellt, wie durch Berechnung der äußeren und inneren Umfangslinien bei rotationssymmetrischen Teilen aus dem rechnerinternen 2D-Modell eine Pseudo-Halbschnittdarstellung erzeugt werden kann.

Automatische Bemaßungsfunktionen sind ebenfalls in diese Gruppe einzuordnen. Durch sie werden entweder das gesamte Modell, oder einzelne Elemente mit Maßpfeilen und Maßen versehen. Diese Darstellungsvariante ist insbesondere für einen Vergleich mit Werkstattzeichnungen geeignet.

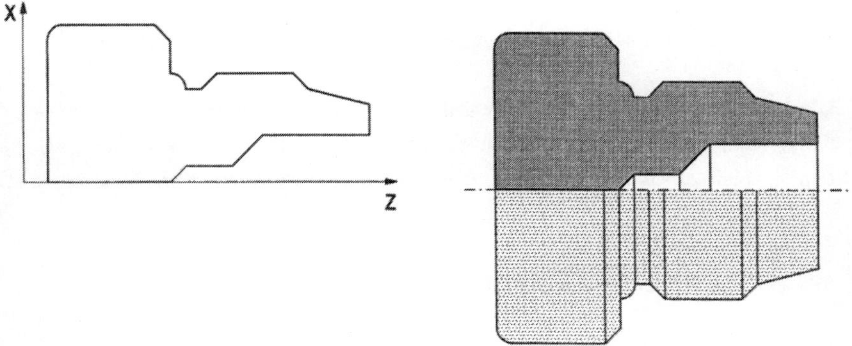

Bild 4.19: Bedienergerechte Aufbereitung des rechnerinternen Modells am Beispiel der Standarddrehbearbeitung

5 Konzeption der Funktionseinheit Bedienungsdatenaufbereitung

Die Funktionseinheit Bedienungsdatenaufbereitung dient zur Anpassung des Simulationssystems an die Bedienungsdatenverarbeitung des Zielsystems. Sie enthält Funktionseinheiten zur Grafikdatenaufbereitung, sowie für Parametrisierung und Makros.

5.1 Funktionseinheit Grafikdatenaufbereitung

Die Funktionseinheit Grafikdatenaufbereitung stellt eine einheitliche interne 3D-Grafikschnittstelle für die FE Visualisierung zur Verfügung und bereitet die Daten für die Ausgabe auf die Grafikschnittstelle des Zielsystems auf. Die Aufgaben der Funktionseinheit hängen daher stark vom zugrunde liegenden Grafiksubsystem ab. Wenn ein leistungsfähiges 3D-System zur Verfügung steht, dient die Funktionseinheit lediglich zur Formatanpassung.

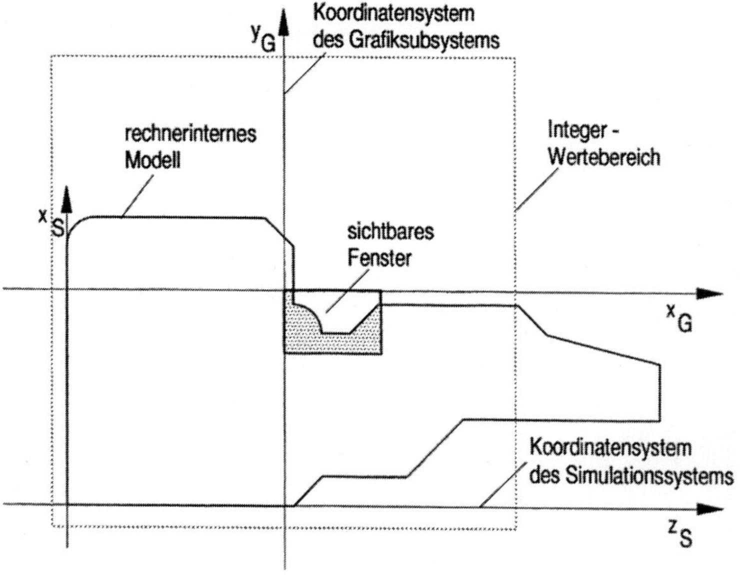

Bild 5.1: Der Ablauf vom Polygonset zur Bildschirmdarstellung

Bereits in Kapitel 3.1.5 wurde ausgeführt, daß derartige Grafiksubsysteme heute in der NC im Regelfall nicht zur Verfügung stehen. Wie in Bild 5.1 am Beispiel eines Polygonsets dargestellt wird, müssen in diesem Fall in der FE Grafikdatenaufbereitung Transformationen und Clipping-Operationen ausgeführt werden.

Das Bild zeigt, daß das Polygonset zuerst aus dem dreidimensionalen kartesischen Koordinatensystem des Simulationssystems in ein zweidimensionales Koordinatensystem des Grafiksubsystems transformiert werden muß. Durch den Übergang auf ganze Zahlen mit begrenztem Wertebereich sind bei Überlauf Clipping-Operationen durchzuführen. Da im Regelfall nur ein begrenzter Teil des Wertebereichs sichtbar ist, oder das sichtbare Fenster von anderen Applikationen teilweise überdeckt wird, sind weitere Klippoperationen notwendig. Schließlich müssen die innerhalb der verbleibenden Kontur liegenden Bildpunkte berechnet und ausgegeben werden. Zu diesem Zweck kommen meist Scanzeilen- oder Triangulationsalgorithmen zum Einsatz /73/.

Wegen der hohen zu bewältigenden Datenmengen sind die durchzuführenden Operationen zeitkritisch. Nach einer Diskussion über die Bildspeicherverwaltung und der Definition der Grafikschnittstelle soll daher untersucht werden, wie simulationsspezifische Randbedingungen für Performanceoptimierungen genützt werden können.

5.1.1   Bildspeicherverwaltung

Die Visualisierung räumlicher Vorgänge erfordert, daß nach jedem Simulationszyklus ein neues Bild aufgebaut und dargestellt wird. Diese Vorgehensweise wird **Bildwechselprinzip** genannt, da das alte Bild vollständig durch das neue ersetzt wird. Ein "Ausradieren" des zerspanten Bereichs, wie beim **Bildänderungsprinzip** der 2D-Radiergrafik, ist nicht möglich, da zuvor verdeckte Geometrien sichtbar werden können.

Bei einem dynamischen Simulationssystem kann das Bildwechselprinzip nur sinnvoll realisiert werden, wenn der Bildspeicher groß genug ist, um jedes darzustellende Simulationsfenster zwei mal vollständig aufzunehmen. Andernfalls müßte in jedem Simulationszyklus der sichtbare Bereich gelöscht und das Bild im Vordergrund neu aufgebaut werden. Dieses Vorgehen ist wegen des starken Flackerns jedoch nicht akzeptabel.

Nachdem das neue Bild im einem unsichtbaren Bereich des Bildspeichers aufgebaut wurde, kann das Wechseln auf zwei Arten geschehen. Die eine Lösung basiert auf dem Kopieren des neuen Bildes in den sichtbaren Bereich, wobei das alte überschrieben wird. Bei der anderen Lösung wird der sichtbare Bereich des Bildspeichers umgeschaltet. Da zu diesem Zweck nur die Koordinaten des sichtbaren Bildspeicherbereichs geändert werden müssen, benötigt die zweite Lösung etwas weniger Zeit. Sie kann jedoch nur eingesetzt werden, wenn das Simulationssystem den Bildschirminhalt vollständig kontrolliert, oder alle anderen Applikationen ihre Grafikausgaben ebenfalls für beide Bildseiten ausgeben. Außerdem muß die Grafikbaugruppe das Ändern der Basisadresse des sichtbaren Bildspeicherbereichs erlauben. Diese Eingriffsmöglichkeit ist bei Baugruppen und Treibern nicht immer vorgesehen.

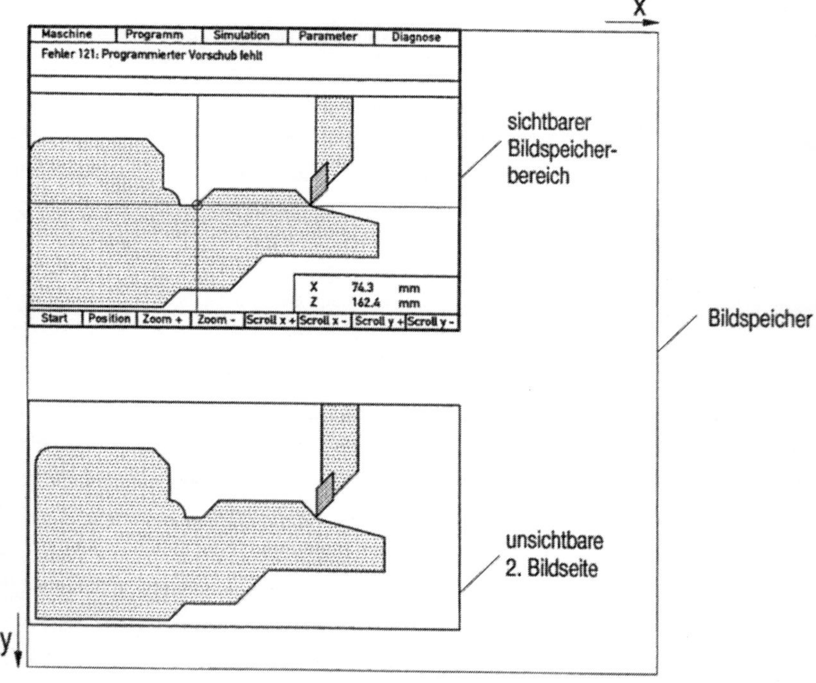

Bild 5.2: Strukturierung des Grafikspeichers mit mehreren Bildseiten

Wie Bild 5.2 zeigt, teilen sich in einer NC üblicherweise verschiedene Applikationen den sichtbaren Bildspeicherbereich, um beispielsweise Betriebsart, Istwerte, Fehlermeldungen oder Softkeys der Bedienung darzustellen. Da es nicht zweckmäßig und oft auch nicht möglich ist, alle anderen Applikationen an die Simulation anzupassen, ist das Kopierverfahren dem Umschalten vorzuziehen.

5.1.2 Funktionsmodul Grafikschnittstelle

Wie bei der Analyse der Schnittstelle zwischen der FE Visualisierung und dem Grafiksubsystem festgestellt wurde, ist das Ausgabeelement 3D-Polygonset von zentraler Bedeutung, da es sowohl in der 2D-, als auch in der 3D-Betriebsart zur grafischen Ausgabe der rechnerinternen Modelle verwendet wird.

Bedingt durch die Modellierung können einzelne Flächen zerschnitten werden. Die dabei entstehenden Schnittkanten sind beim realen Geometrieobjekt nicht vorhanden und sollten daher auch bei der grafischen Ausgabe nicht in Erscheinung treten. Aus diesem Grund ist es notwendig, ein Attribut für unsichtbare Kanten einzuführen.

Verschiedene moderne Grafikschnittstellen enthalten Ausgabeprimitive, die den genannten Anforderungen entsprechen. Als Beispiele seien die Befehle PolygonSet in CGI, FillAreaSet in GKS-3D, sowie ebenfalls FillAreaSet in PHIGS genannt.

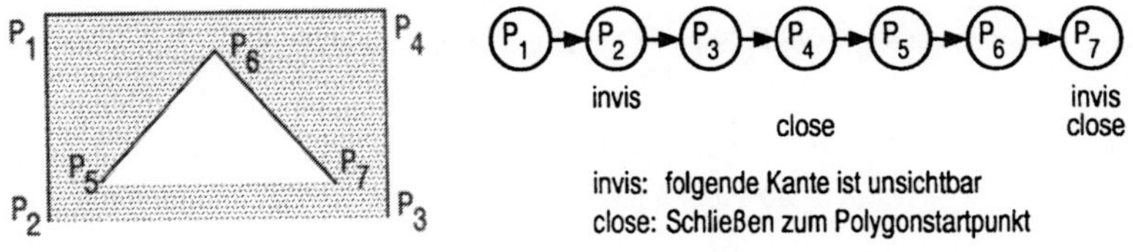

Bild 5.3: Beispiel für das Ausgabeelement Polygonset

In enger Anlehnung an das in der CGI-Norm /80/ definierte Ausgabeelement PolygonSet wird daher eine Methode zur grafischen Ausgabe von 3D-Polygonsets definiert. Jede Kante erhält zwei Attribute, die die Darstellung der Kante selbst, sowie das Schließen zum Ausgangspunkt eines Polygons bestimmen. Zur Verdeutlichung dient das in Bild 5.3 dargestellte Beispiel.

- 112 -

<table>
<tr><td colspan="2">Funktionsmodul Grafikschnittstelle</td></tr>
<tr><td>Methoden</td><td>Attribute</td></tr>
<tr><td>

3D_polygonset
3D_linienzug
lösche_fenster
aktualisiere_fenster
setze_füllart
setze_linienart
setze_textart
setze_transformationsmatrix
initialisiere_fenster
stelle_fenster_dar
initialisiere_grafik

</td><td>

füllart
linienart
textart
transformationsmatrix
fenster_rechteckliste
unsichtbares_fenster

</td></tr>
</table>

<u>Tabelle 5.1</u>:   Methoden und Attribute des Funktionsmoduls Grafikschnittstelle

Aktualisierung und Bildwechsel eines Fensters müssen zeitlich entkoppelt werden, da die Bildschirmdarstellung stark flackert, wenn Löschen und Bildaufbau im Vordergrund sichtbar vorgenommen werden. Auch wenn verschiedene Ansichten einer Szene in mehreren Fenstern gleichzeitig dargestellt werden sollen, müssen Aktualisierung und Bildwechsel entkoppelt werden, da die Bildschirmdarstellung durch unterschiedliche Bildwechsel-Zeitpunkte sehr unruhig erscheint. Erst wenn für jedes Fenster ein neues Bild im Hintergrund erzeugt wurde, kann mit dem Bildwechsel begonnen werden. Tabelle 5.1 enthält zu diesem Zweck eine eigene Methode für das Darstellen eines Fensters.

5.1.3   Optimierungsmöglichkeiten bei der Transformation

Für die Visualisierung einer Szene sind im 2D-Modus typischerweise bis zu 100, im 3D-Modus bis zu wenigen 1000 Punkte aus dem 3D-Simulationskoordinatensystem in das 2D-Bildschirmkoordinatensystem zu transformieren. Unter Verwendung der homogenen Koordinatentechniken /73/ und bei parallel-perspektivischer Darstellung erfordert dies pro Punkt zwölf Fließkommaoperationen. Multipliziert man diese mit der Anzahl der Punkte und der Zeit pro Operation, so stellt man fest, daß diese Transformation einen nicht unerheblichen Einfluß auf die Performance hat.

Die Visualisierung kann sowohl von der FE Modellierung, als auch vom Bediener angestoßen werden. Im ersten Fall soll die Bildänderung nach Ablauf eines Simulationszyklus dargestellt werden. Zwischen zwei diskreten Zeitpunkten ändern üblicherweise nicht alle Geometrieobjekte ihre Position. Auch durch die Werkstückaktualisierung wird meist nur eine kleiner Teil des Geometrieobjekts verändert. Außerdem bleiben bei der Beauftragung durch die FE Modellierung die Darstellungsparameter und somit auch die Transformationsmatrix ebenfalls konstant.

Aus diesen Gründen ändern sich die Bildschirmkoordinaten eines großen Teils der darzustellenden Raumpunkte in einem Simulationszyklus nicht. Es liegt daher nahe, diese Redundanz auszunutzen und sich die 2D-Bildschirmkoordinaten zu merken. Die Transformation ist nur dann notwendig, wenn Punkte durch Änderung der Lage oder der Form eines Geometrieobjekts neu entstanden sind, oder die Darstellungsparameter geändert wurden.

Wenn die Visualisierung durch den Bediener ausgelöst wurde, weil er beispielsweise die Betrachtungsparameter geändert hat, ändern sich üblicherweise die 2D-Koordinaten aller Raumpunkte. Hier sind jedoch die Darstellungszeiten weniger kritisch, da bei der Interaktion mit dem Bediener keine Echtzeitbedingungen eingehalten werden müssen.

5.1.4 Optimierungsmöglichkeiten beim Clippen

Wenn die Bedienungsdatenverarbeitung des Zielsystems auf einem Fenstersystem, wie beispielsweise X-Window aufbaut, müssen alle Grafikausgaben auf den sichtbaren Teil des Fensters geclippt werden, um ein Überschreiben der Fenster anderer Applikationen auszuschließen. Wie Bild 5.4 zeigt, können Simulationsfenster in der Form überlagert werden, daß ihr sichtbarer Teil nicht mehr rechteckig ist. Dies hat zur Folge, daß jede einzelne Grafikausgabe entweder mehrfach gegen rechteckige Teilbereiche, wie sie im Bild gestrichelt angedeutet sind, oder aber mit einem aufwendigeren Algorithmus gegen ein Polygon geclippt werden muß.

Dies kann unter Verwendung des in Kapitel 5.1.1 vorgestellten Kopierverfahrens umgangen werden, indem im unsichtbaren Bildspeicherbereich ein vollständiges, rechteckiges Fenster zur Verfügung gestellt wird. Bei der Grafikausgabe muß dann jedes Grafikelement nur einmal geclippt werden. Nach erfolgtem Bildaufbau werden nur die Teile des Fensters aus dem Hintergrund nach vorne kopiert, die nicht von anderen Applikationen verdeckt werden. Die Information, welche Bereiche sichtbar sind, steht bei den meisten Fenstersystemen in Form einer Rechteckliste zur Verfügung. Da in einem Simulationszyklus sehr viele Grafikelemente auszugeben sind, jedoch nur einmal kopiert werden muß, lassen sich durch diese Maßnahme bei überlappenden Fenstern beträchtliche Performanceverbesserungen erreichen.

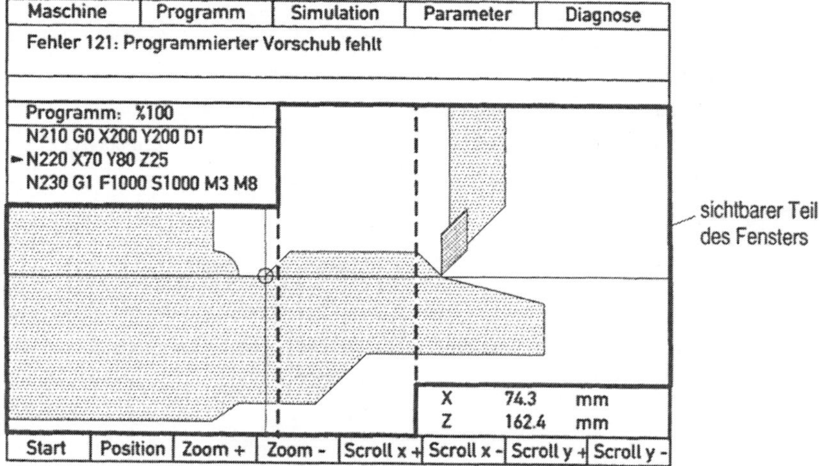

<u>Bild 5.4:</u>   Clippen gegen den sichtbaren Teil des Simulationsfensters

Wenn verdeckte Kanten und Flächen nach dem Verfahren der priorisierten Flächenausgabe ausgeblendet werden sollen, müssen die nach dem Clippen verbleibenden Flächen gefüllt werden. Zu diesem Zweck sind alle innerhalb eines Polygonsets liegenden Pixel zu berechnen. Insbesondere bei großen Flächen und komplizierten Polygonsets benötigt auch diese Aufgabe eine beträchtliche Rechenzeit.

Es ist daher anzustreben, Anzahl, Größe und Komplexität der an das Grafiksubsystem auszugebenden Polygonsets zu reduzieren. Geht man wie im vorigen Kapitel von der Prämisse aus, daß sich das Bild innerhalb eines Simulationszyklus häufig nur in Teilbereichen ändert, so kann eine Optimierung erzielt werden, wenn ein Clipp-Ausschnitt bestimmt werden kann, auf den sich die Änderungen beschränken.

Bildänderungen können sich nur dort ergeben, wo Geometrieobjekte bewegt wurden. Die Informationen darüber liegen in den Instanzen der FE Volumenspurerzeugung vor, da dort die Transformationen vorgenommen werden. Sie können zusammen mit den

Daten für die Modellaktualisierung an die FE Modellierung übergeben werden, wo die geänderten Bereiche verknüpft werden. Um den zusätzlichen Rechenaufwand klein zu halten, ist es zweckmäßig mit Hüllquadern, und nicht mit Volumenspuren zu operieren. Wie Bild 5.5 zeigt, erhält man auf diese Weise in der FE Modellierung einen 3D-Hüllquader, der alle Bereiche einschließt, in denen Änderungen stattgefunden haben.

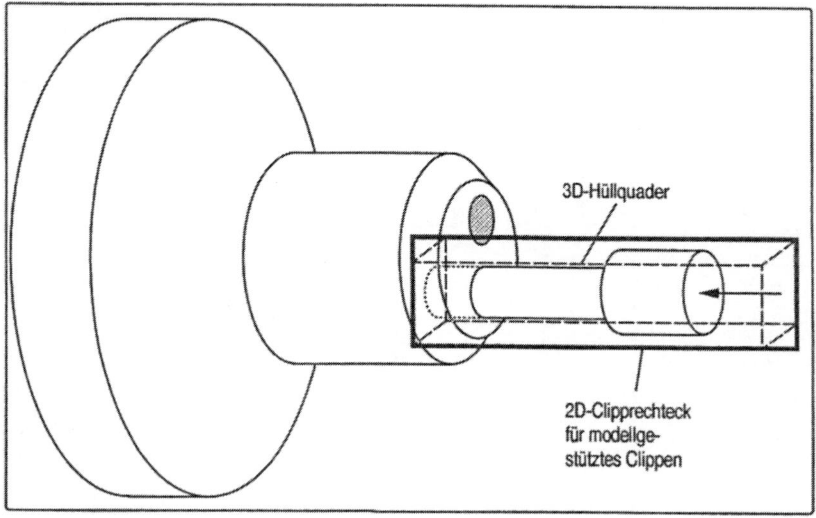

Bild 5.5: Modellgestütztes Clippen

Durch Transformation des 3D-Hüllquaders in die Betrachtungsebene und Bestimmung seiner zweidimensionalen Extrema erhält man für jede Instanz der FE Bedienungsdatenaufbereitung ein 2D-Clipprechteck. Da auf Daten, die bei der Modellaktualisierung anfallen, zurückgegriffen wird, kann dieses Verfahren als **modellgestütztes Clippen** bezeichnet werden. Durch Bildung der Schnittmenge zwischen dem 2D-Clipprechteck und dem Fenster im unsichtbaren Bildspeicherbereich wird erreicht, daß das Clippen für jedes Ausgabeelement immer noch nur einmal durchgeführt werden muß.

Die verschiedenen Optimierungsmöglichkeiten und die Aufgaben, die jeweils der FE Visualisierung, der FE Grafikdatenaufbereitung und dem Grafiksubsystem zufallen, sind in Bild 5.6 gegenübergestellt. Das Bild zeigt nur die Operationen, die pro Polygonset auszuführen sind. Aufgaben, die einmal pro Simulationszyklus anfallen, wie Initialisierung, Berechnung des Clipprechtecks und Kopieren in den sichtbaren Bereich, sind nicht enthalten.

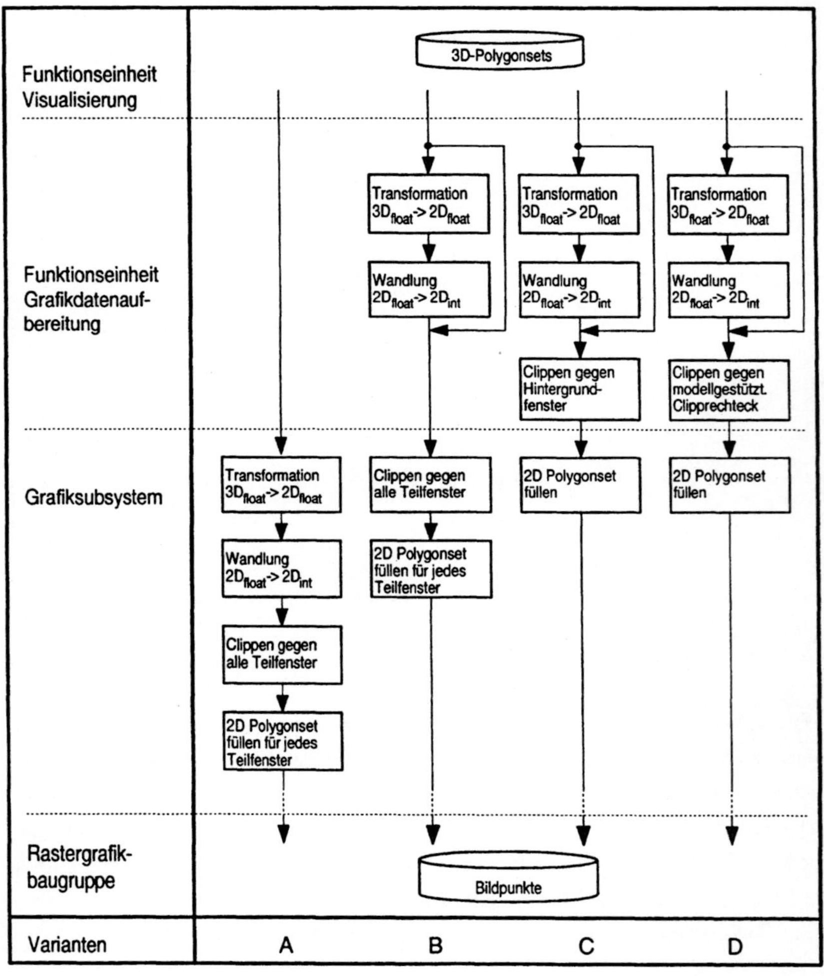

Bild 5.6:   Aufgabenverteilung zwischen FE Visualisierung, FE Grafikdaten-
            aufbereitung und Grafiksubsystem

Die Variante A basiert auf einem Grafiksubsystem mit 3D-Grafikschnittstelle. Bei B ist vorgesehen, daß die 2D-Koordinaten der Raumpunkte gespeichert werden, aber im Gegensatz zur Variante C das Clippen auf Windowgrenzen dem Grafiksubsystem überlassen bleibt. Ein Hintergrundfenster ist für die Varianten C und D erforderlich. Sie unterscheiden sich darin, daß bei C auf das ganze Fenster, bei D auf ein modellgestütztes Rechteck geclippt wird.

Versuche mit mehreren Grafiksubsystemen haben ergeben, daß die Variante D bei der Darstellung von Bearbeitungsvorgängen mit Ausblenden verdeckter Kanten und Flächen die beste Performance bringt. Die Variante C ist zu empfehlen bei der Drahtdarstellung oder wenn sich beispielsweise bei Handhabungsoperationen häufig ein großer Teil des Bildes ändert.

Verfügbare Window-Systeme bieten einer Applikation aus Sicherheitsgründen oft keine Möglichkeit, das interne Clippen auf Windowgrenzen abzuschalten. In diesem Fall bleibt nur die Variante B. Aufgrund des hohen Performancegewinns bei C und D ist jedoch ein spezieller Zugriffspfad für die Simulation unter Umgehung der normalen Clippmechanismen anzustreben.

Die beiden getesteten Grafiksubsysteme mit 3D-Schnittstelle verfügten beide auch über eine 2D-Schnittstelle. In beiden Fällen wurde mit den Optimierungen im Simulationssystem und der 2D-Schnittstelle eine bessere Performance erreicht.

Das Verfahren kann nicht angewendet werden, wenn neue Geometrien eingelesen, Geometrieklassen ein- oder ausgeblendet, oder Betrachtungsparameter geändert wurden, da in diesen Fällen ein vollständig neues Bild aufgebaut werden muß.

5.2 Funktionseinheit Parametrisierung und Makros

Um eine universelle Verwendbarkeit des Simulationssystems gewährleisten zu können, stellen die Funktionseinheiten mit ihren -modulen elementare Methoden zur Verfügung. Diese genügen für einfache Aufgaben, wie beispielsweise Änderung der Blickrichtung oder des Zoomfaktors. Daneben existieren jedoch auch komplexere Aufgaben, die bestimmte Sequenzen von Methodenaufrufen erfordern. Soll zum Beispiel von einem auf vier Simulationsfenster mit Vorder- und Seitenansicht, Draufsicht und isometrischer

Darstellung umgeschaltet werden, so müssen nacheinander folgende Operationen ausgeführt werden:

- Löschen oder Ändern des bestehenden Fensters,
- Anlegen der neuen Fenster durch das Fenstersystem,
- Erzeugen und Initialisieren neuer Instanzen der FE Visualisierung,
- Erzeugen und Initialisieren neuer Instanzen der FE Grafikdatenaufbereitung,
- jeweils gegenseitiges Bekanntmachen der Instanzen von Visualisierung und Grafikdatenaufbereitung,
- Anmelden der neuen Instanzen der FE Visualisierung bei der FE Modellierung,
- Blickrichtung in jeder Instanz der FE Visualisierung einstellen,
- in jeder Instanz eine Vollbilddarstellung starten,
- durch Abfragen den kleinsten Zoomfaktor der vier Instanzen der FE Visualisierung ermitteln,
- diesen in den anderen drei Instanzen einstellen,
- alle vier Instanzen der FE Visualisierung mit der Darstellung beauftragen und
- durch Kopieren in den sichtbaren Bereich eine neue Bildschirmdarstellung erzeugen.

Da insbesondere von einem Maschinenbediener im Fertigungsbereich nicht unbedingt erwartet werden kann, daß er wie bei einer Workstation einzelne Fenster kreiert, diese auf dem Bildschirm plaziert und die Eigenschaften der zugeordneten Instanzen einstellt, muß eine Möglichkeit geschaffen werden, derartige Sequenzen von Bedienoperationen in einem Macro zusammenzufassen. Das Beispiel zeigt, daß zum einen verschiedene Funktionseinheiten des Simulationssystems beauftragt werden müssen, zum anderen aber auch mit dem Fenstersystem des Zielsystems kommuniziert werden muß. Aus diesem Grund wird eine eigenständige Funktionseinheit für Parametrisierung und Macros eingeführt. Die Funktionseinheit ist von der Bedienungsdatenverarbeitung des Zielsystems abhängig und muß daher gegebenenfalls angepaßt werden.

Von einem Gesamtsystem Steuerung oder Programmiersystem wird im allgemeinen erwartet, daß alle Applikationen der Bedienungsdatenverarbeitung in der Art der Darstellung einen homogenen Eindruck hinsichtlich Farben, Farbskalen, Schriftarten und -größen, Linientypen und dergleichen machen. Die Einstellung der zugehörigen Parameter muß daher applikationsübergreifend erfolgen. Die Übernahme dieser Daten von der Bedienungsdatenverarbeitung des Zielsystems, sowie deren Weiterleitung an die übrigen Funktionseinheiten des Simulationssystems ist eine weitere Aufgabe der Funktionseinheit.

6   Konzeption der Funktionseinheit Steuerdatenaufbereitung

Ein wesentlicher Grund für die Einführung der Funktionseinheit Steuerdatenaufbereitung des Simulationssystems war die erwünschte Trennung zwischen Zielsystem-abhängigen und -unabhängigen Funktionsprogrammen. Die FE enthält Funktionsprogramme zur Datenversorgung des Simulationssystemkerns durch das jeweilige Zielsystem und ist selbst wiederum in die Funktionseinheiten Konfigurierung, Transformation und Koordination, sowie Rüsten gegliedert.

6.1   Funktionseinheit Konfigurierung

Beim Starten des Simulationssystems müssen Instanzen von Funktionseinheiten angelegt und initialisiert, sowie gegenseitig bekannt gemacht werden. Zur Laufzeit können Konfigurationsänderungen notwendig sein, wenn beispielsweise eine Achse abwechselnd unterschiedlichen NC-Kanälen zugeordnet werden soll. Daraus resultiert die Anforderung, daß es bei laufendem System möglich sein muß, sowohl neue Instanzen anzulegen, als auch bestehende umzukonfigurieren oder zu löschen.

Um Instanzen anlegen zu können, ist es notwendig, die gewünschte Topologie des Simulationssystems zu kennen. Bei neueren Ansätzen werden Topologie und Parametrisierung von numerischen Steuerungen mit einheitlichen Konfigurierungslisten anstelle von Maschinendaten beschrieben. Der in /60/ beschriebene Ansatz erfüllt die oben genannten Forderungen und bietet darüberhinaus den Vorteil, herstellerunabhängig zu sein. Da diese vorteilhafte Lösung jedoch noch nicht sehr verbreitet ist, muß die Konfiguration des Simulationssystems auch unter Berücksichtigung von Maschinendaten der numerischen Steuerung vorgenommen werden können. In diesem Fall sind Anpassungsarbeiten an das Zielsystem unumgänglich. Es ist jedoch zu hoffen, daß die genannten Bemühungen zur Festlegung einer standardisierten Beschreibungssprache für die Steuerungskonfiguration in Syntax und Semantik erfolgreich verlaufen, da die FE Konfigurierung dann Zielsystem-unabhängig gestaltet werden kann.

Die Konfiguration des Simulationssystems läßt sich teilweise aus der der NC ableiten. Jeder NC-Achse ist eine Instanz der FE Volumenspurerzeugung zuzuordnen, wenn von starren Achsverbindungselementen ausgegangen wird. Die von ihnen erzeugten Volumenspuren für Maschinenelemente sind zur Kollisionskontrolle notwendig.

Allen Achsgruppen, also im Bahnzusammenhang interpolierten Achsen, kann ein Werkzeug samt -träger zugeordnet werden. Sind mehrere NC-Kanäle vorhanden, so sind zwei Fälle zu unterscheiden: sind die Arbeitsräume unabhängig, so kann für jeden Kanal eine separate Instanz der FE Modellierung mitsamt zugehörigen Visualisierern angelegt werden. In diesem Fall werden die NC-Kanäle vollkommen unabhängig betrachtet. Wenn hingegen mehrere Kanäle benutzt werden, um Vorgänge in identischen oder überlappenden Arbeitsräumen zu steuern, dann müssen alle Geometriemodelle zusammenhängend betrachtet werden. Nur so kann eine kanalübergreifende Kollisionskontrolle, wie sie etwa für das in Bild 3.4 dargestellte Beispiel notwendig ist, gewährleistet werden.

Die Funktionseinheit Konfigurierung kennt als einzige alle Funktionseinheiten des Simulationssystems und kann daher auch Regieaufgaben übernehmen. So ist beispielsweise eine Überwachung aller Prozesse, die zum Simulationssystem gehören, möglich. Wenn von einer Klasse bereits eine Instanz existiert, kann die FE Konfigurierung zusätzliche Instanzen in der gleichen Task anlegen und damit die Anforderungen hinsichtlich Taskanzahl und benötigtem Hauptspeicher reduzieren.

6.2 Funktionseinheit Rüsten

Die Aufgabe der Funktionseinheit Rüsten besteht darin, Werkzeugdaten aus der Datenhaltung des Zielsystems zu übernehmen, sie aufzubereiten und an das Funktionsmodul Werkzeugverwaltung des Simulationssystemkerns zu übergeben.

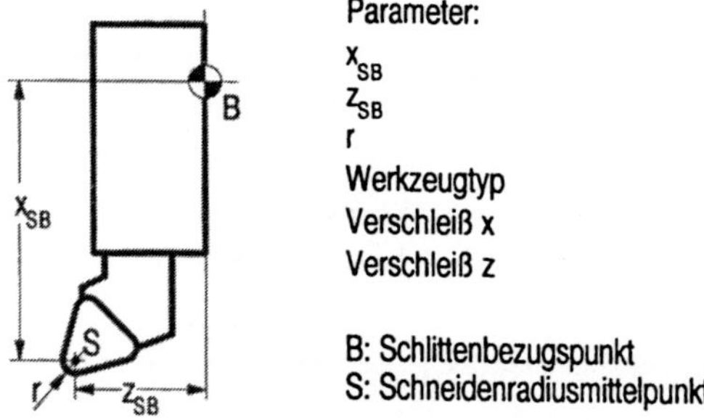

__Bild 6.1:__   Parametrisierte Werkzeugbeschreibung am Beispiel eines Drehmeißels

Werkzeugdaten werden in numerischen Steuerungen üblicherweise in Form von Parameterlisten gehalten. Bild 6.1 zeigt, daß aus Werkzeugtyp und Parametern wie Länge, Durchmesser und Schneidenradius eine für das Simulationsystem geeignete Darstellung generiert werden kann. Da die Art der Werkzeugbeschreibung von Steuerung zu Steuerung unterschiedlich ist, sind auch bei der Funktionseinheit Rüsten Anpaßarbeiten an das Zielsystem notwendig.

6.3 Funktionseinheit Transformation und Koordination

Die Funktionseinheit Transformation und Koordination versorgt alle Instanzen der Funktionseinheit Volumenspurerzeugung mit aktuellen Positionsdaten in kartesischen Koordinaten und koordiniert deren Zusammenspiel mit der FE Modellierung.

6.3.1 Transformation

Die Diskussion über mögliche Schnittstellen zur Versorgung des Simulationssystems mit Verfahrdaten in Kapitel 3.1.1 hat gezeigt, daß Achssoll- bzw. -istwerte erst nach der Rückwärtstransformation aus dem Raumkoordinatensystem vorliegen. Wenn die Bewegung der Maschinenelemente berücksichtigt werden soll, ist es daher notwendig, eine Vorwärtstransformation in das kartesische Simulationskoordinatensystem vorzunehmen. Andernfalls können Verfahrdaten nach der Interpolation abgegriffen und die für die Simulation notwendigen kartesischen Koordinaten, die nicht den Werkstückkoordinaten entsprechen müssen, durch eine direkte Rückwärtstransformation aus dem Raumkoordinatensystem erzeugt werden.

Einige Transformationen kommen häufig vor und können für verschiedene Maschinentypen angewendet werden. Bei der in Bild 6.2 dargestellten Drehmaschine muß beispielsweise eine Transformation zwischen Zylinder- und kartesischen Koordinaten vorgenommen werden. Die gleiche Problemstellung tritt auf, wenn eine Fräsmaschine mit einem Drehtisch ausgerüstet wird.

Daneben existieren eine Vielzahl von Maschinenkinematiken, bei denen keine Standardtransformationen eingesetzt werden können. Als Beispiel seien hier nur Wälzfräsen oder

-schleifen genannt. In diesen Fällen sind Anpassungsarbeiten notwendig, um die spezifischen Transformationen einzubauen.

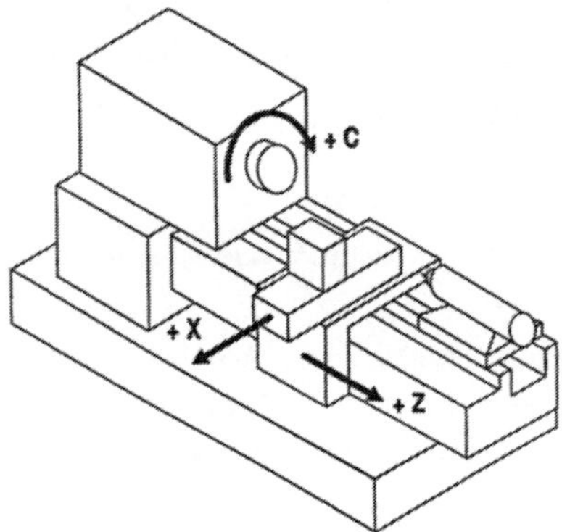

Bild 6.2:   Maschinenkoordinatensystem einer Drehmaschine (nach /81/)

6.3.2   Koordination

Wie eine numerische Steuerung benötigt auch ein Simulationssystem eine Ablaufsteuerung. Eine Aufgabe der Funktionseinheit ist daher, die Instanzen der Funktionseinheiten Volumenspurerzeugung und Modellierung nach erfolgter Bereitstellung der transformierten Istpositionen zu beauftragen. Der Anstoß dazu sollte bei der on-line Simulation durch das Zielsystem, günstigerweise im Interpolationstakt, erfolgen. Eine Realisierung mit einer Endlosschleife, bei der das Simulationssystem dauernd die aktuellen Positionen liest und verarbeitet, kann zu Informationsverlusten führen, wenn das Simulationssystem nicht schnell genug folgen kann.

Bei der off-line Simulation sind neben der kontinuierlichen Darstellung die Anzeigebetriebsarten satzweise, arbeitsgangweise und programmweise Darstellung eingeführt worden. Für eine Realisierung der zugehörigen Funktionen im Simulationssystem ist es notwendig, Zugriff auf Informationen über Satzendpunkte, sowie den aktuellen Arbeitsgang zu haben.

Wie Bild 6.3 am Beispiel der satzweisen Darstellung zeigt, kann eine einfache Lösung erreicht werden, indem die Aktualisierung kontinuierlich erfolgt, die Visualisierung jedoch nur zu den durch die Anzeigebetriebsart bestimmten Zeitpunkten beauftragt wird (1). Performancevorteile ergeben sich sowohl, wenn durch Anpassung der Interpolation des Zielsystems nur die notwendigen Verfahrdaten erzeugt werden, als auch wenn Verfahrdaten gesammelt werden und die Aktualisierung jeweils nur direkt vor der Visualisierung erfolgt (2). In dem Beispiel wird bei Linearsätzen und satzweiser Darstellung keine Interpolation zwischen Anfangs- und Endpunkt vorgenommen. Eine derartige Lösung erfordert das Zusammenspiel mit der Geometriedatenverarbeitung des Zielsystems.

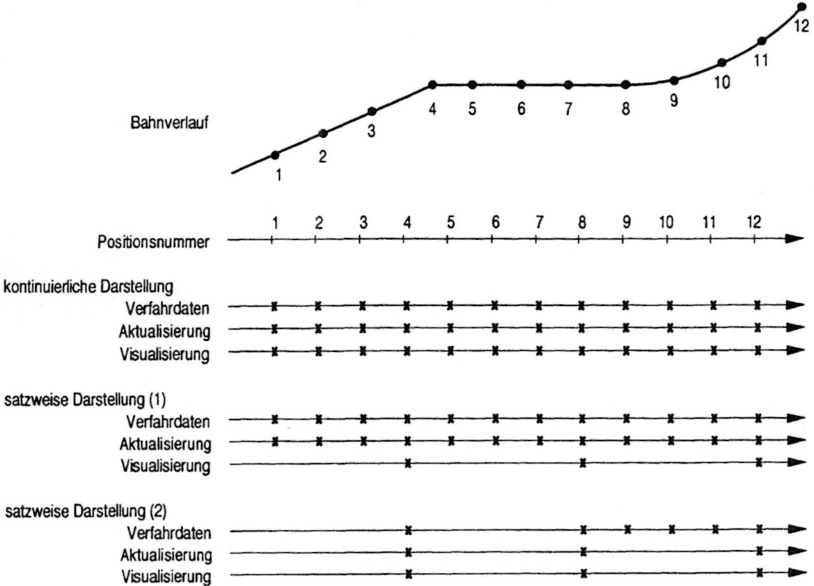

<u>Bild 6.3:</u>   Aktualisierung und Visualisierung am Beispiel der kontinuierlichen und satzweisen Darstellung

Auch die Simulation von Bewegungen, die durch die FE Technologiedatenverarbeitung gesteuert werden, erfordert Sonderlösungen, bei denen sowohl auf Funktionen der FE SIMK, als auch auf Grundfunktionsprogramme der NC zurückgegriffen werden muß. In diesem Zusammenhang kommt der FE die Aufgabe zu, die erforderlichen Instanzen der

NC zu erzeugen, und den Datenverkehr zu ermöglichen. Das Aufgabengebiet der FE ist daher weiter gefaßt, als bei einer Ablaufsteuerung. Aus den genannten Gründen wird der Bezeichnung Koordination der Vorzug gegeben.

7 Realisierung

Die Realisierung erfolgte im Auftrag von und in Zusammenarbeit mit einem Steuerungshersteller. Das erste Zielsystem war eine numerische Steuerung mit integrierten WOP-
Funktionen für Drehmaschinen. Mit Hilfe entsprechender Funktionsmodule wurden
Lösungen sowohl für die 2D-Simulation der zweiachsigen Drehbearbeitung, als auch für
die 3D-Simulation von Komplettbearbeitungsvorgängen auf Drehmaschinen, wie etwa
Stirn- und Umfangsfräsen, entwickelt. Später kamen Module für die Simulation zwei-
einhalbachsiger Fräsbearbeitungen hinzu.

Wegen der für die Anpassung notwendigen Kenntnisse über die internen Schnittstellen
der numerischen Steuerung wurde die Steuerdatenaufbereitung des Simulationssystems
vom Steuerungshersteller ebenso realisiert, wie Teile der Bedienungsdatenverarbeitung.
Da die in diesen Bereichen entstandenen Module teilweise eng mit NC-Modulen verknüpft sind, können an dieser Stelle keine detaillierten Aussagen hinsichtlich Pro-
gramm- und Codeumfang gemacht werden.

Der vollständige Simulationskern sowie der überwiegende Teil der Grafikdatenaufbereitung wurden am Institut für Steuerungstechnik der Werkzeugmaschinen und
Fertigungseinrichtungen der Universität Stuttgart entwickelt.

7.1 Programmstruktur des Simulationssystemkerns

Neben den Funktionseinheiten und -modulen, auf deren Gliederung in den Kapiteln 4 bis
6 bereits näher eingegangen wurde, mußten eine Reihe von Systemmodulen entwickelt
werden. In ihnen sind alle die Funktionen enthalten, die nicht simulationsspezifisch sind
oder aber von mehreren Funktionsmodulen genützt werden. Im Gegensatz zu den Funktionseinheiten werden sie über Unterprogrammaufrufe und nicht über eine Botschaftsschnittstelle beauftragt.

Die Funktionseinheiten können prinzipiell in parallel ablaufenden Tasks arbeiten. Da die
WOP-Baugruppe des Zielsystems auf einer Einprozessorlösung basiert, können durch
mehrere Tasks keine Zeitvorteile erreicht werden. Durch den höheren Kommunikations-
bedarf verschlechtert sich die Performance des Systems sogar. Aus diesem Grund wur-

den alle Module des Simulationssystemkerns zu einem ablauffähigen Programm zusammengebunden.

Die entwickelten und in Bild 7.1 dargestellten Funktions- und Systemmodule sind insgesamt 561 kByte groß. Durch das Zubinden von Bibliotheksfunktionen des Betriebs- und Grafiksystems, sowie der Objektverwaltung erreichte das ablauffähige Programm in Abhängigkeit von der verwendeten Grafikbaugruppe einen Umfang zwischen 980 und 1040 kByte.

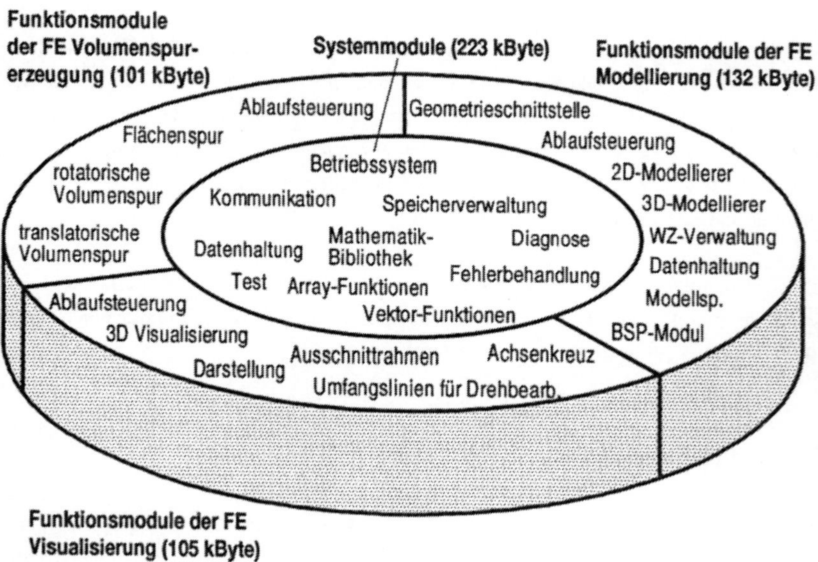

<u>Bild 7.1:</u>   Entwickelte Module und Anteile der Funktions- und Systemprogramme am Simulationssystemkern

Die Größe des Simulationssystemkerns kann bis auf 370 kByte reduziert werden. Dieser Minimalumfang wird erreicht, indem einige nur für die 3D-Betriebsart benötigten Funktionsmodule, wie beispielsweise 3D-Modellierer, BSP-Modul, rotatorische und translatorische Volumenspur nicht zugebunden werden.

Die Volumenspurerzeugung für die fünfachsige Fräsbearbeitung erfordert umfangreiche Algorithmen. Bisher wurden nur Funktionsmodule für Sonderfälle, wie beispielsweise rotationssymmetrische Teile, entwickelt. Wegen der vielfältigen Sonderfälle und Varianten der Volumina, die bei der Freiformflächenbearbeitung entstehen, ist in diesem Zusammenhang eine Vergrößerung des Programmumfangs um mindestens 150 bis 200 kByte zu erwarten.

7.2   Kinematikschnittstelle

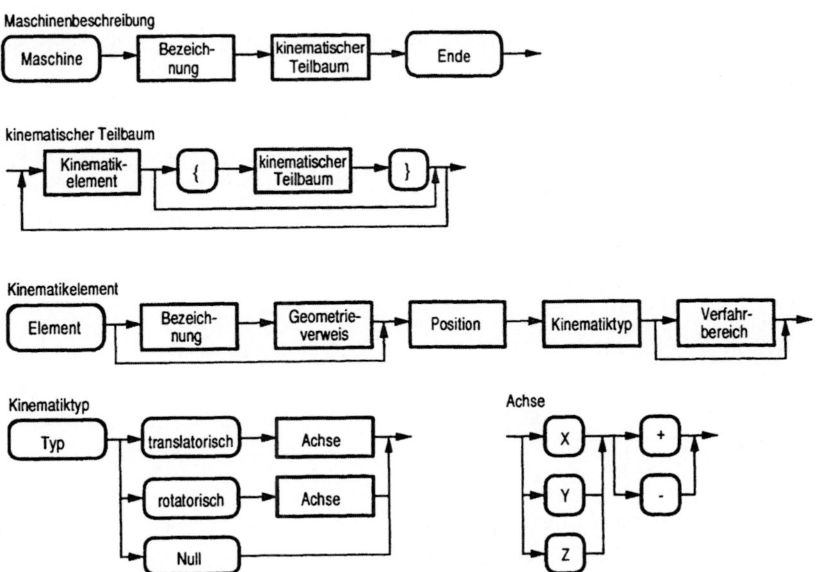

Bild 7.2:   Syntax-Graphen der Kinematikschnittstelle

Für das Anlegen der Instanzen der Funktionseinheit Volumenspurerzeugung wurde in Anlehnung an /59/ eine Kinematikschnittstelle definiert. Die Erweiterung wurde notwendig, weil das aus dem Roboterbereich stammende RDL zum Zeitpunkt der Realisierung nur lineare Ketten, aber keine Baumstrukturen vorsah. Letztere sind für die Modellierung von Werkzeugmaschinen unumgänglich, da aus Dynamikgründen die im

Bahnzusammenhang stehenden Achsen häufig in separaten kinematischen Ketten konstruiert werden.

Wie die Syntaxgraphen in Bild 7.2 zeigen, enthält jedes Element des kinematischen Baums genau eine Linear- oder Rotationsachse. Es hat daher nur einen Freiheitsgrad. Höherwertigere Gelenke müssen durch mehrere Kinematikelemente modelliert werden, wobei allen außer dem letzten keine Geometrie zugeordnet wird.

Die Angabe eines Verfahrbereichs ermöglicht Plausibilitätskontrollen. Zur Simulation der Systemdynamik sind in RDL darüberhinaus Sprachelemente für Massen, Kräfte und Momente, sowie zur Beschreibung von Antriebs- und Reglerparametern enthalten. Diese wurden bisher nicht im Simulationssystem implementiert, ließen sich jedoch integrieren.

7.3   Geometrieschnittstelle

Bei der Definition der Kinematikschnittstelle wurde davon ausgegangen, daß die Achsverbindungselemente aus starren Körpern bestehen. Die Geometrieschnittstelle dient zur Beschreibung dieser Körper.

Wie bereits in Kapitel 3.1.3 begründet wurde, besteht ihre Besonderheit darin, daß sie die drei Beschreibungsformen parametrisierbare Grundkörper, Sweepkörper und Polyeder enthält. Sowohl Sweepkörper, als auch Polyeder basieren auf einer Polygonzugbeschreibung.

Die parametrisierbaren Grundkörper eignen sich in besonderem Maße zur interaktiven Beschreibung von Körpern, deren Geometriedaten nicht von anderer Stelle übernommen werden können. Mit der Einführung von zusätzlichen Parametern, beispielsweise zur Angabe von Öffnungswinkeln oder zur Beeinflussung von Lage und Größe der Deckfläche, konnte erreicht werden, daß ein großes Spektrum von Geometrieformen direkt beschreibbar ist.

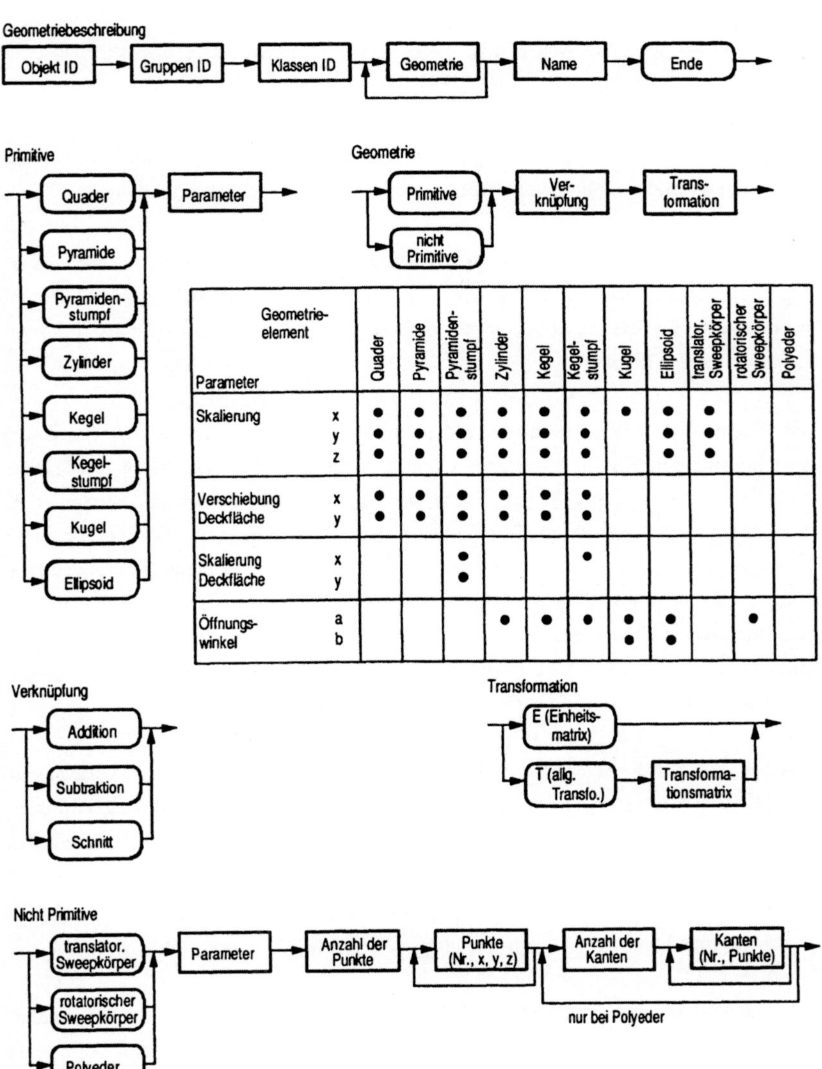

Geometrieelement / Parameter		Quader	Pyramide	Pyramidenstumpf	Zylinder	Kegel	Kegelstumpf	Kugel	Ellipsoid	translator. Sweepkörper	rotatorischer Sweepkörper	Polyeder
Skalierung	x	●	●	●	●	●	●	●	●	●		
	y	●	●	●	●	●	●		●	●		
	z	●	●	●	●	●	●		●	●		
Verschiebung Deckfläche	x	●	●	●	●	●	●					
	y	●	●	●	●	●	●					
Skalierung Deckfläche	x			●			●					
	y			●			●					
Öffnungswinkel	a				●	●	●	●	●		●	
	b							●	●			

Bild 7.3: Syntax-Graphen der Geometrieschnittstelle

7.4   Ergebnisse und Bewertung

Das System wurde ursprünglich unter dem Betriebssystem XENIX entwickelt. Spätere Portierungen auf UNIX und FLEXOS konnten dank der strikten Trennung von Funktions- und Systemprogrammen innerhalb von kurzer Zeit durchgeführt werden.

Die Entwicklung des Simulationssystems wurde insbesondere durch die separate Funktionseinheit SIMSDA für die Anpassung an die NC-Grundfunktionen stark erleichtert, da steuerungsspezifische Anpassungen unabhängig vom Simulationssystemkern vorgenommen werden konnten.

Im Bereich der Bedienungsdatenverarbeitung wurden sehr unterschiedliche Grafiksubsysteme eingesetzt. Anfangs wurde ein Grafikadapter der Firma Matrox mit 3D-Schnittstelle verwendet. Später kamen Portierungen auf QPDM-basierende, sowie VGA-Grafikbaugruppen mit 2D-Grafikschnittstellen, sowie Treibern für die obengenannten Betriebssysteme hinzu. Die Optimierungen im Bereich der Bedienungsdatenverarbeitung der Simulation führten zu deutlichen Performancesteigerungen. Durch Ausnutzung der Redundanzen zwischen zwei aufeinanderfolgenden Bildern konnten selbst mit vergleichsweise einfachen Grafikbaugruppen höhere Grafikausgabeleistungen erreicht werden, als mit dezidierten 3D-Grafikbaugruppen mit lokaler Intelligenz.

Das aufgezeigte System erlaubt eine dynamische Konfigurierung der vorhandenen Module zur Anpassung an das Zielsystem, die Maschine, sowie an Benutzerwünsche. Wünschenswert wäre ein gemeinsames Konfigurierungswerkzeug für NC und Simulationssystem. Sinnvoll wäre außerdem, ein Werkzeug zu integrieren, mit dessen Hilfe neue Funktionsmodule einfach, das heißt ohne Editieren, Übersetzen und Binden, eingebracht werden können.

Das Zielsystem ist mit einer 80386 CPU der Firma Intel, sowie einem Fließkommaprozessor vom Typ 80387 ausgestattet. In der 2D-Betriebsart konnten mit den Optimierungen im Bereich der Grafikdatenaufbereitung durchschnittliche Simulationszykluszeiten von unter 20 ms erreicht werden. In der 3D-Betriebsart ist die Rechenleistung für eine kontinuierliche Darstellung nicht ausreichend, da selbst ohne Kollisionskontrolle lediglich durchschnittliche Zykluszeiten zwischen 0,6 und 4 s erreicht wurden. Diese erlauben zwar eine Kontrolle des Fertigungsfortschritts, die flackernde Darstellung wird von Betrachtern jedoch als sehr störend empfunden. Wie die Implementierung gezeigt hat, ist abzusehen, daß mit steigender Rechenleistung der Prozessoren sehr bald steuerungs-interne Simulationssysteme auch in der 3D-Betriebsart ohne Zusatzbaugruppen möglich werden.

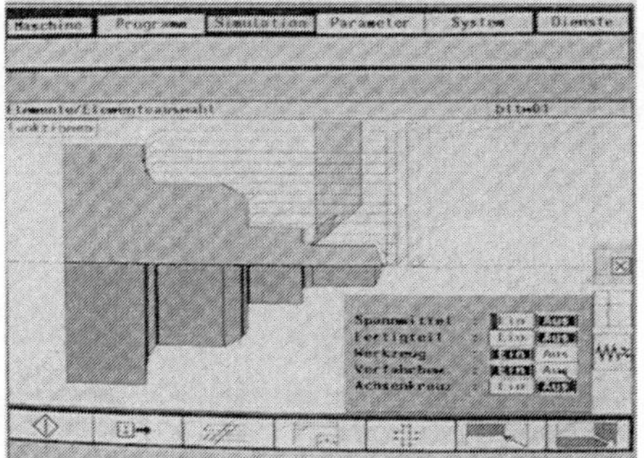

Bild 7.4:
Drehbearbeitung in
2D-Halbschnitt-Darstellung

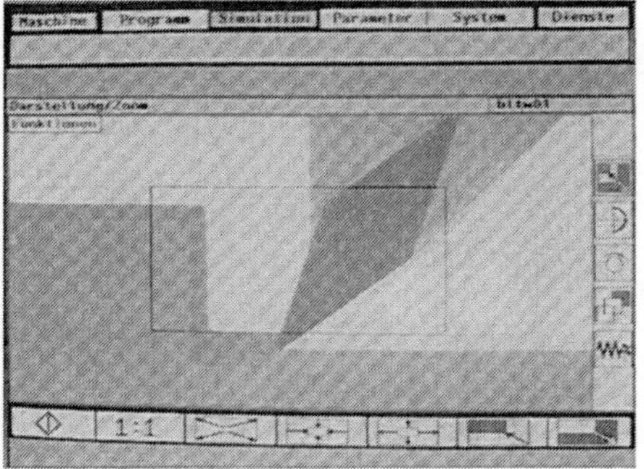

Bild 7.5:
Überprüfung auf
Konturverletzung

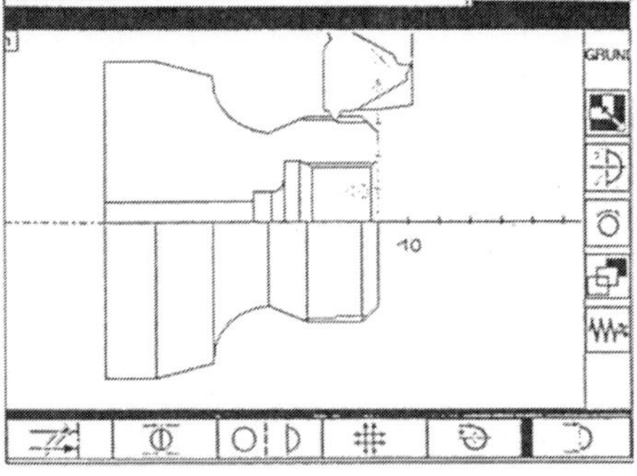

Bild 7.6:
Umfangslinien bei der
Drehbearbeitung

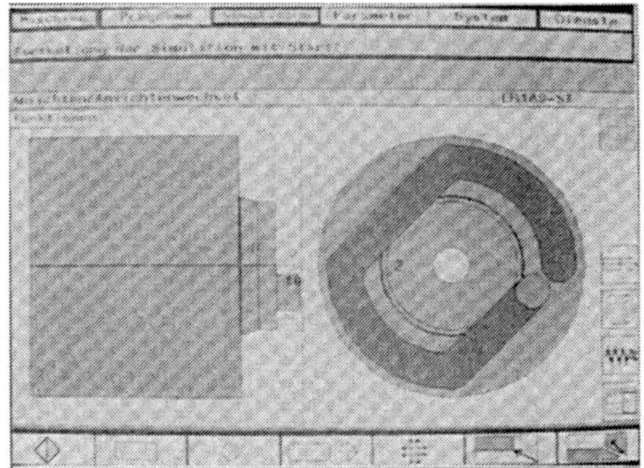

Bild 7.7:
Stirnseitenbearbeitung,
dargestellt in 2 Fenstern

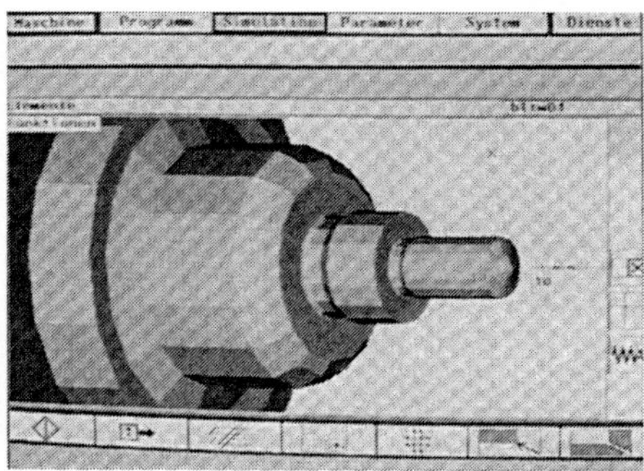

Bild 7.8:
Drehbearbeitung in
3D-Darstellung

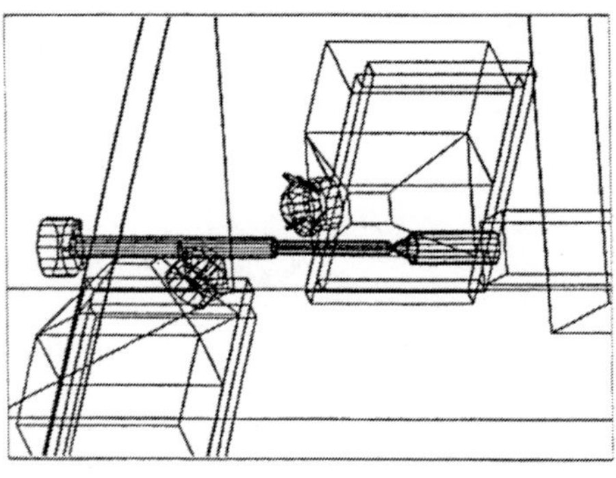

Bild 7.9:
Kollisionskontrolle im
Arbeitsraum einer
Mehrschlittendrehmaschine

8   Zusammenfassung

Bedingt durch die breite Vielfalt unterschiedlichster Werkzeugmaschinen wird von numerischen Steuerungen ein hohes Maß an Flexibilität erwartet. Daneben fordert der Anwender vielfältige Freiheitsgrade hinsichtlich NC-Programmiersprache, Implementierung anwendungsspezifischer Zyklen, neuer Interpolationsarten, Transformationen oder Fehlerkompensationsverfahren.

Die Programmierung numerischer Steuerungen wird dadurch immer komplexer. Ein Simulationssystem kann ein leistungsfähiges Hilfsmittel zur Überprüfung erstellter NC-Programme sein, wenn der reale Prozeß ausreichend genau und schnell dargestellt wird. Je nach Anwendung kommen für Modellierung und Darstellung 2D- oder 3D-Modelle zum Einsatz.

Eine Analyse existierender Simulationssysteme unter besonderer Beachtung der Randbedingungen, die beim Einsatz in einer numerischen Steuerung entstehen, zeigt, daß leistungsfähige Modellierverfahren sowohl für 2D-, als auch für 3D-Darstellung verfügbar sind. Es wird jedoch deutlich, daß die Schwachstellen existierender Systeme in der mangelhaften Strukturierung zu sehen sind. Die Möglichkeit von Konfigurierungsänderungen des Zielsystems, sowie unterschiedliche Schnittstellen zur Datenversorgung bleiben weitestgehend unberücksichtigt.

Die vorliegende Abhandlung befaßt sich daher mit der Konzeption eines modularen Simulationssystems unter besonderer Beachtung der Randbedingungen, die aus konfigurierbaren und wechselnden Zielsystemen resultieren. NC-Kernfunktionen werden auf ihre Verwendbarkeit für die Datenversorgung eines Simulationssystems untersucht. Zur einfachen Anpassung an Kernfunktionen und Bedienungsdatenverarbeitung des Zielsystems wird eine Unterteilung des Simulationssystems in die Funktionseinheiten Simulationssystemkern, Bedienungs- und Steuerdatenaufbereitung vorgenommen.

Eine weitere Verfeinerung in Fertigungstechnologie-, Betriebsart- und Darstellungsabhängige Funktionsmodule erlaubt, auf einfache Art und Weise Anpassungen hinsichtlich Leistungsumfang und Bedienungskomfort vorzunehmen.

Eine Analyse des Datenflusses zeigt, daß bei einer kontinuierlichen Darstellung des Fertigungsprozesses der Schnittstelle zum Grafiksubsystem eine besondere Bedeutung im Hinblick auf die erzielbaren Simulationszykluszeiten zukommt. Aus diesem Grund werden verschiedene Schnittstellen zum Grafiksubsystem untersucht und Optimierungsstrategien aufgezeigt, um durch Ausnutzung der Redundanzen zwischen zwei aufeinanderfolgenden Visualisierungsvorgängen die Anforderungen an das Grafiksubsystem wesentlich reduzieren zu können. Dadurch wird erreicht, daß selbst bei der 3D-Darstellung einfache und damit auch verhältnismäßig kostengünstige Grafiksysteme zum Einsatz kommen können.

Die gewählte Architektur ermöglicht, ein Simulationssystem in einer Familie von numerischen Steuerungen und Programmiersystemen, in differierenden Hard- und Softwareumgebungen und für unterschiedliche Fertigungstechnologien einzusetzen. Viele der entwickelten Verfahren und Mechanismen sind auf andere bedienerorientierte Applikationen übertragbar.

Die gemachten Erfahrungen mit einer ersten Implementierung zeigen, daß es mit dem gewählten, streng modularen Ansatz möglich ist, die gesteckten Ziele hinsichtlich Flexibilität und Performance zu erreichen.

Schrifttum

/1/   Kreher, P.-J.:   Entwicklungsschwerpunkte im Werkzeugmaschinenbau.
Schriftliche Fassung der Vorträge zum Fertigungstech-
nischen Kolloquium am 10./11. Oktober 1991 in Stuttgart.
Berlin, Heidelberg, New York, London, Paris, Tokyo,
Barcelona, Budapest: Springer Verlag 1991, S. 30.

/2/   Pritschow, G.,   Simulationstechnik in der Fertigung.
Spur, G.,   München, Wien: Carl Hanser Verlag 1985.
Weck, M.:

/3/   N.N.   DIN 66025
Programmaufbau für numerisch gesteuerte
Arbeitsmaschinen.
Berlin, Köln: Beuth-Vertrieb 1983.

/4/   Schmidt, W.:   Grafikunterstütztes Simulationssystem für komplexe
Bearbeitungsvorgänge in numerischen Steuerungen.
Berlin, Heidelberg, New York, London, Paris,
Tokyo: Springer Verlag 1988.

/5/   Pritschow, G.,   Open System Controllers -
Daniel, C.,   A challenge for the future of the machine tool industry.
Junghans, G.,   CIRP Annals 1993.
Sperling, W.:

/6/   N.N.   VDI 2696
Simulationsmethoden im Materialfluß.
Berlin, Köln: Beuth-Vertrieb 1971.

/7/   Edenhofer, H.,   Numerische Steuerungen - Stand der Technik.
Junghans, G.:   Industrie-Anzeiger 43 (1991), S. 90 - 96.

/8/ Pritschow, G.:   Entwicklungstendenzen maschinennaher
                      Bearbeitungssimulation.
                      In: Simulationstechnik in der Fertigung
                      München, Wien: Carl Hanser Verlag 1985.

/9/ Hekeler, M.:   Werkstattorientierte Programmiertechnik für den
                      Facharbeiter.
                      Technische Rundschau 80 (1988).

/10/ Keller, S.:   Symbiose aus Lernen und Fertigen.
                      Industrie Anzeiger 34 (1989).

/11/ N.N.   DIN 66215
                      Programmierung numerisch gesteuerter
                      Arbeitsmaschinen (CLDATA).
                      Teil 2: Aufbau und Satztypen.
                      Berlin, Köln: Beuth-Verlag, 1974.

/12/ Müller, P.,   Maschinennahe 3D-Simulation von
     Baeck, B.,   Bearbeitungsvorgängen.
     Schmidt, W.:   wt-Z. ind. Fertig. 76 (1986) S. 625 - 628.

/13/ Potthast, A.,   Neue Systeme für werkstattorientierte
     Hohwieler, E.,   Programmierverfahren.
     Kwok, S. H.:   Teil 4a: Simulation der Bohr- und Fräsbearbeitung.
                      in Werkstattorientierte Programmierverfahren.
                      PFT-Bericht 138 des Kernforschungszentrums
                      Karlsruhe (1989), S. A 16 - A 19.

/14/ Potthast, A.:   Dynamische Simulation des Bearbeitungsvorgangs
                      bei numerisch gesteuerten Drehmaschinen.
                      München, Wien: Carl Hanser Verlag 1985.

/15/ N.N.   DIN 8580
                      Fertigungsverfahren: Einteilung.
                      Berlin, Köln: Beuth-Vertrieb 1974.

/16/ N.N.   DIN 8589, Teil 0.
                             Fertigungsverfahren Spanen:
                             Einordnung, Unterteilung und Begriffe.
                             Berlin, Köln: Beuth-Vertrieb 1981.

/17/ Krause, N.:   Steuerungssysteme für Werkzeugmaschinen
                             und Industrieroboter. Schriftliche Fassung der
                             Vorträge zum Fertigungstechnischen Kolloquium
                             am 10./11. Oktober 1991 in Stuttgart.
                             Berlin, Heidelberg, New York, London, Paris, Tokyo,
                             Barcelona, Budapest: Springer Verlag 1991, S. 42 - 43.

/18/ Hohwieler, E.,   ASIM Handbuch Simulationsanwendungen in
      Junghans, G.,   Produktion und Logistik.
      Linner, S.,   Simulation in der NC-Programmierung.
      Neubert, A.:   Vieweg Verlag, 1993.

/19/ N.N.   ISO 2382 / 13
                             Data processing vocabulary - Part 13: Computer graphics.
                             Int. Organization for Standardization, 1984.

/20/ Grieger, I.:   Graphische Datenverarbeitung.
                             Berlin, Heidelberg, New York, London. Paris,
                             Tokyo, Hong Kong, Barcelona, Budapest:
                             Springer Verlag, 1992.

/21/ Junghans, G.,   Dreidimensionale Simulation als leistungsfähige Hilfe
      Steffen, M.:   beim NC-Programmieren für Drehen und Fräsen.
                             Maschinenmarkt, Würzburg 97 (1991) 36, S. 30 - 36.

/22/ Tönshoff, H.K.,   Fertigungsstrategien bei der Freiformflächenbearbeitung -
      Gehring, V.,   Stand der Technik und wirtschaftliche Bewertung.
      Becker, M.:   Tagungsband zum Karlsruher Kolloquium des wbk
                             "Konstruktion und Fertigung von Freiformflächen"
                             vom 27./28.02.1991, S. 226 - 227.

/23/ Milberg, J.,   Grafische 3D-Simulation der NC-Bearbeitung.
      Schrüfer, N.:   wt Werkstattstechnik 78 (1988) 5, S. 305 - 309.

/24/ Herrscher, A.,   Grafische Simulation von Doppelschlittenbearbeitungen
      Weser, A.,   auf Drehmaschinen.
      Kayser, K.H.,   wt-Z. ind. Fertig. 75 (1985) S. 363 - 366.
      Scheifele, D.:

/25/ Scheifele, D.M.:   Grafisch dynamische Simulation des Bearbeitungsvor-
                           ganges für Doppelschlittendrehmaschinen.
                           Berlin, Heidelberg, New York, London, Paris,
                           Tokyo: Springer Verlag 1988.

/26/ Monz, J.,   Neue Systeme für werkstattorientierte Programmier-
      Hohwieler, E.:   verfahren.
                           Teil 2: Programmieren des Fertigungsverfahrens Drehen.
                           in Werkstattorientierte Programmierverfahren.
                           PFT-Bericht 138 des Kernforschungszentrums
                           Karlsruhe (1989), S. A 5 -A 11.

/27/ Encarnacao, J.,   Computer Graphics
      Straßer, W.:   Gerätetechnik, Programmierung und Anwendung
                           graphischer Systeme.
                           München, Wien: R. Oldenbourg Verlag 1986,
                           S. 324 - 326.

/28/ Brun, J.-M.:   Solid Modeling Schemes and Solid Reconstruction.
                           in Theory and Practice of Geometric Modeling,
                           Herausg. W. Straßer und H.-P. Seidel.
                           Berlin, Heidelberg, New York, London, Paris, Tokyo,
                           Hong Kong: Springer Verlag 1989, S. 383 - 401.

/29/ Grätz, J.F.:   Modellalgorithmen zur dreidimensionalen Geometriefest-
                           legung komplexer Bauteile mit beliebiger Flächen-
                           begrenzung in der rechnerunterstützten Konstruktion.
                           Schriftenreihe der Ruhr-Universität Bochum,
                           Institut für Konstruktionstechnik, Heft 83.4 (1983)

/30/ N.N.   ISO STEP Baseline Requirements Document
                           ISO TC 184/SC4/WG1. Document N 284 (1988).

/31/ Ahuja, N.,   Octree Representations of Moving Objects.
      Nash, C.:   Computer Vision, Graphics, and Image Processing
                           26 (1984), S. 207-216.

/32/ Requicha, A.A.G.,   Solid Modeling: A Historical Summary and
      Voelcker, H.B.:   Contemporary Assessment.
                           IEEE Computer Graphics and Applications
                           2 (1982) 2, S. 9 - 26.

/33/ Foley, J.D.,   Fundamentals of Interactive Computer Graphics.
      Van Dam, A.:   Reading, Menlo Park, London, Amsterdam, Don
                           Mills, Ontario, Sydney: Addison Wesley
                           Publishing Company 1984, S. 523 - 536

/34/ Spur, G.,   CAD-Technik. Lehr- und Arbeitsbuch für die Rechner-
      Krause, F.-L.:   unterstützung in Konstruktion und Arbeitsplanung.
                           München, Wien: Carl Hanser Verlag 1984, S. 217.

/35/ Lutz, M.:   Untersuchungen zur Genauigkeit geometrischer
                           Methoden in CAD-Systemen.
                           Produktionstechnik - Berlin; Bd. 64.
                           München, Wien: Carl Hanser Verlag 1988

/36/ Fuchs, H.,   Near Real-Time Shaded Display of Rigid Objects.
      Abram, G.D.,   Computer Grahics (1983) Vol. 17, S. 65 - 72.
      Grant, E.D.:

/37/ Wirth, N.: Algorithmen und Datenstrukturen.
Stuttgart: B.G. Teubner, 1979.

/38/ Pritschow, G., Modellierverfahren für die 3D-Simulation von
Ioannides, M., NC-Bearbeitungen - Teil 2.
Steffen, M.: VDI-Z 135 (1993) Nr. 5, S. 58 -59.

/39/ Kayser, K.-H.: Kollisionserkennung in numerischen Steuerungen
mit der Distanzfeldmethode.
Berlin, Heidelberg, New York, London, Paris,
Tokyo: Springer Verlag 1989.

/40/ Moser, O.: 3D-Echtzeitkollisionsschutz für Drehmaschinen.
Berlin, Heidelberg, New York, London, Paris,
Tokyo, Hong Kong, Barcelona: Springer Verlag 1991.

/41/ Potthast, A., Rechnerische Kollisionskontrolle mit einem
Kwok, S.H., dynamischen 3D-Simulationssystem.
Lim, Y.S.: ZwF 83 (1988) 3, S. 153 - 157.

/42/ Latz, H.-W.: Welche CAD-Systeme sind CIM-tauglich ?
16 CAD-Systeme im Überblick.
CIM Management 1/86 (1986). S. 14 - 17.

/43/ N.N. Europäische Patentschrift
Veröffentlichungsnummer 0 148 339.
Paris: Europäisches Patentamt 1988.

/44/ Wrba, P.: Simulation als Werkzeug in der Handhabungstechnik.
Berlin, Heidelberg, New York, London, Paris,
Tokyo, Hongkong: Springer Verlag 1990.

/45/ Ranshi, T.: Die Volumenmodellierung als leistungsfähiges
Werkzeug für CIM.
CIM Management 1/86 (1986). S. 26 - 33.

/46/ Pritschow, G.,
Schmidt, W.:   Entwicklung eines simulationsgerechten Geometrie-
modells für ein grafikunterstütztes Simulationssystem.
wt Werkstattstechnik 79 (1989) S. 99 - 103.

/47/ N.N.   DIN 44300 Teile 1 und 2.
Allgemeine Begriffe der Informationsverarbeitung
und Informationsdarstellung.
Berlin, Köln: Beuth-Verlag, 1988.

/48/ Walker, B.:   Konfigurierbarer Funktionsblock Geometriedaten-
verarbeitung für numerische Steuerungen.
Berlin, Heidelberg, New York, Tokyo:
Springer Verlag 1987.

/49/ Pritschow, G.:   Automatisierungstechnik - eine ganzheitliche
steuerungstechnische Aufgabe.
Tagungsband PTK 1989 Berlin, 14.-16.06.89.,
TU Berlin, Inst. für Werkzeugmaschinen.

/50/ N.N.   DIN 66264
Mehrprozessorsteuerungssystem für
Arbeitsmaschinen (MPST).
Teil 2: Regeln für den Informationsaustausch.
Berlin, Köln: Beuth-Verlag, 1985.

/51/ Schittenhelm, W.:   Konfigurierbares, echtzeitfähiges Bedienungssystem
für Steuerungen an Fertigungseinrichtungen.
Berlin, Heidelberg, New York, London, Paris,
Tokyo: Springer Verlag 1988.

/52/ N.N.   Systemkonzept.
Druckschrift der Fa. Industrielle
Steuerungstechnik GmbH, Stuttgart, 1990.

/53/ N.N.   Sinumerik 880. Firmenkatalog NC 28.
Druckschrift der Siemens AG, 1991.

/54/   Keller, S.,
       Puschner, S.:
                Werkstattgeeignet - Übernehmen der CAD-Daten vereinfacht das CNC-Programmieren am Personal-Computer vor Ort.
Maschinenmarkt, Würzburg 95 (1989) 34.

/55/   Hohwieler, E.:
                Grafisch-dynamische Simulation für CNC-Drehmaschinen mit Komplettbearbeitung.
Industrieanzeiger 110 (1988) 7, S. 40 - 41 (HGF 88/5).

/56/   Hammer, H.,
       Potthast, A.:
                Grafisch-dynamische Simulation für die Bohr- und Fräsbearbeitung.
ZwF 80 (1985) 9, S. 372 - 378.

/57/   Weck, M.,
       Niehaus, Th.,
       Osterwinter, M.:
                Graphisch interaktives Programmier- und Testsystem für Industrieroboter.
Robotersysteme 2 (1986), S. 193 - 201.

/58/   Dai, F.,
       Kampfmann, T.:
                Graphische Simulation von Robotern mit einem graphisch funktionalen Modell.
Robotersysteme 3 (1987), S. 73 - 77.

/59/   Pritschow, G.,
       Bauder, M.,
       Angerbauer, R.:
                RDL - ein Werkzeug zur Robotermodellierung.
Robotersysteme 7 (1991), S. 213 - 222.

/60/   Junghans, G.:
                Die offene Werkzeugmaschinen-Steuerung zum Ziel.
Produktion 26 (1993), S. 3.

/61/   Krebser, G.:
                Betriebssystem für NC mit einheitlichen Schnittstellen.
Berlin, Heidelberg, New York, London, Paris, Tokyo, Hong Kong, Barcelona, Budapest: Springer Verlag 1992.

/62/ Armbrüster, N.:   Werkstattprogrammierung als Alternative zur
                           AV-Programmierung - Basis für eine flexible
                           Fertigungsstruktur.
                           ZwF 84 (1989) 8, S. 462 - 465.

/63/ Riehn, A.:   Wege zur Offenheit bei modernen CNC-Steuerungen.
                           ZwF 87 (1992) 3, S. 148 - 151.

/64/ Tauber, A.:   Modellbildung kinematischer Strukturen
                           als Komponente der Montageplanung.
                           Berlin, Heidelberg, New York, London, Paris, Tokyo,
                           Hong Kong: Springer Verlag 1990, S. 62 - 111.

/65/ N.N.   IGES - Initial Graphics Exchange Specification.
                           Version 3.0. National Bureau of Standards, USA, 1986.

/66/ N.N.   VDA-Flächenschnittstelle.
                           Version 2.0. Verband der Automobilindustrie e.V.
                           (VDA), Frankfurt, 1987.

/67/ N.N.   Sinumerik 880. Inbetriebnahmeanleitung.
                           Druckschrift der Siemens AG, 1991.

/68/ Spur, G.:   Objektorientierte Systeme für anwenderfreundliche
                           Applikationen.
                           CAD CAM CIM, München 5 (1992) S. 84.

/69/ Gierse, H.:   Konzepte für eine offene Steuerung.
                           Schriftliche Fassung der Vorträge zur Konferenz
                           Offene Steuerung am 30.09./01.10.1992 in Böblingen.

/70/ Binder, D.,   Typ 3 - Eine offene Systemplattform.
      Richter, U.:   Schriftliche Fassung der Vorträge zur Konferenz
                           Offene Steuerung am 30.09./01.10.1992 in Böblingen.

/71/ Lim, Y.S.:   Kollisionskontrolle als Baustein eines modularen
                            graphisch-dynamischen 3D-Simulationssystems für
                            numerisch gesteuerte Mehrschlittendrehmaschinen.
                            München, Wien: Carl Hanser Verlag 1992.

/72/ N.N.   Programmieranleitung INDEX C200-8.
                            Druckschrift der INDEX Werke, Esslingen.

/73/ Newman, W.M.,   Grundzüge der interaktiven Computergrafik.,
      Sproull, R.F.:   Hamburg: McGraw-Hill Book Company GmbH, 1986.

/74/ Pritschow, G.,   Größere Einheit - Konzept für offene
      Krebser, G.,   Steuerungssysteme strukturiert den Datenfluß
      Scheifele, D.:   und vereinfacht die Programmübertragung.
                            Maschinenmarkt, Würzburg 96 (1990) 45.

/75/ Coad, P.,   Object-Oriented Analysis.
      Yourdon, E.:   New Jersey: Prentice-Hall, 1991, S. 14 - 15 und
                            143 - 148.

/76/ Wirfs-Brock, R.,   Designing Object-Oriented Software.
      Wilkerson, B.,   New Jersey: Prentice-Hall, 1990,
      Wiener, L.:   S. 17 - 22.

/77/ Kugler, W.:   Kommunikationsmechanismen für offene
                            numerische Steuerungssysteme.
                            Berlin, Heidelberg, New York, London, Paris, Tokyo,
                            Hong Kong, Barcelona, Budapest: Springer Verlag 1993.

/78/ Grätz, J.-F.:   Handbuch der 3D-CAD-Technik.
                            Modellierung mit 3D-Volumensystemen.
                            Berlin, München: Siemens AG 1989.

/79/ Gaskins, T.:   PHIGS Programming Manual.
                            Sebastopol: O'Reilly & Associates 1991.

/80/   N.N.   Information Proc. Systems/Computer Graphics.
                                      Interfacing techniques for dialogues with
                                      graphical devices (CGI).
                                      Part 3 - Output and Attributes. 2nd Draft.
                                      ISO TC97/SC21/WG2 N356 (1985) S.77 - 80.

/81/   N.N.   DIN 66217
                                      Koordinatenachsen und Bewegungsrichtungen
                                      für numerisch gesteuerte Arbeitsmaschinen.
                                      Berlin, Köln: Beuth-Vertrieb 1975.

ISW Forschung und Praxis

Berichte aus dem Institut für Steuerungstechnik der Werkzeugmaschinen und Fertigungseinrichtungen der Universität Stuttgart

Herausgegeben bis Band 57 von Prof. Dr.-Ing. G. Stute †
ab Band 58 Prof. Dr.-Ing. G. Pritschow

1   D. Schmid, Numerische Bahnsteuerung, 89 S., 1973

2   H. Schwegler, Fräsbearbeitung gekrümmter Flächen, 111 S., 1972

3   J. Eisinger, Numerisch gesteuerte Mehrachsenfräsmaschinen, 90 S., 1972

4   R. Nann, Rechnersteuerung von Fertigungseinrichtungen, 125 S., 1972

5   G. Augsten, Zweiachsige Nachformeinrichtungen, 140 S., 1972

6   B. Karl, Die Automatisierung der Fertigungsvorbereitung durch NC-Programmierung, 121 S., 1972

7   H. Eitel, NC-Programmiersystem, 117 S., 1973

8   E. Knorr, Numerische Bahnsteuerung zur Erzeugung von Raumkurven auf
rotationssymetrischen Körpern, 131 S., 1973

9   S. Bumiller, Viskohydraulischer Vorschubantrieb, 123 S., 1974

10   K. Maier, Grenzregelung an Werkzeugmaschinen, 139 S., 1974

11   J. Waelkens, NC-Programmierung, 159 S., 1974

12   E. Bauer, Rechnerdirektsteuerung von Fertigungseinrichtungen, 138 S., 1975

13   H. König, Entwurf und Strukturtheorie von Steuerungen für Fertigungseinrichtungen, 206 S., 1976

14   H. Damsohn, Fünfachsiges NC-Fräsen, 143 S., 1976

15   H. Jetter, Programmierbare Steuerungen, 141 S., 1976

16   H. Henning, Fünfachsiges NC-Fräsen gekrümmter Flächen, 179 S., 1976

17   K. Boelke, Analyse und Beurteilung von Lagesteuerungen für numerisch gesteuerte
Werkzeugmaschinen, 106 S., 1977

18   F.-R. Götz, Regelsystem mit Modellrückkopplung für variable Streckenverstärkung,
116 S., 1977

19   H. Tränkle, Auswirkungen der Fehler in den Positionen der Maschinenachsen
beim fünfachsigen Fräsen, 103 S., 1977

20   P. Stof, Untersuchungen über die Reduzierung dynamischer Bahnabweichungen
bei numerisch gesteuerten Werkzeugmaschinen, 118 S., 1978

21   R. Wilhelm, Planung und Auslegung des Materialflusses flexibler Fertigungssysteme,
158 S., 1978

22   N. Kappen, Entwicklung und Einsatz einer direkten digitalen Grenzregelung
für eine Fräsmaschine mit CNC, 123 S., 1979

23   H. G. Klug, Integration automatisierter technischer Betriebsbereiche, 124 S., 1978

24   D. Binder, Interpolation in numerischen Bahnsteuerungen, 132 S., 1979

25 O. Klingler, Steuerung spanender Werkzeugmaschinen mit Hilfe von Grenzregel-einrichtungen (ACC), 124 S., 1979

26 L. Schenke, Auslegung einer technologisch-geometrischen Grenzregelung für die Fräsbearbeitung, 113 S., 1979

27 H. Wörn, Numerische Steuersysteme-Aufbau und Schnittstellen eines Mehr-prozessorsteuersystems, 141 S., 1979

28 P. B. Osofisan, Verbesserung des Datenflusses beim fünfachsigen NC-Fräsen, 104 S., 1979

29 J. Berner, Verknüpfung fertigungstechnischer NC-Programmiersysteme, 101 S., 1979

30 K.-H. Böbel, Rechnerunterstützte Auslegung von Vorschubantrieben, 113 S., 1979

31 W. Dreher, NC-gerechte Beschreibung von Werkstücken in fertigungstechnisch orientierten Programmiersystemen, 105 S., 1980

32 R. Schurr, Rechnerunterstützte Projektsteuerung hydrostatischer Anlagen, 115 S., 1981

33 W. Sielaff, Fünfachsiges NC-Umfangfräsen verwundener Regelflächen. Beitrag zur Technologie und Teileprogrammierung, 97 S., 1981

34 J. Hesselbach, Digitale Lageregelung an numerisch gesteuerten Fertigungs-einrichtungen, 111 S., 1981

35 P. Fischer, Rechnerunterstützte Erstellung von Schaltplänen am Beispiel der automatischen Hydraulikplanzeichnung, 111 S., 1981

36 U. Ackermann, Rechnerunterstützte Auswahl elektrischer Antriebe für spanende Werkzeugmaschinen, 118 S., 1981

37 W. Döttling, Flexible Fertigungssysteme – Steuerung und Überwachung des Fertigungsablaufs, 105 S., 1981

38 J. Firnau, Flexible Fertigungssysteme – Entwicklung und Erprobung eines zentralen Steuersystems, 112 S., 1982

39 A. Herrscher, Flexible Fertigungssysteme – Entwurf und Realisierung prozeßnaher Steuerungsfunktionen, 103 S., 1982

40 U. Spieth, Numerische Steuersysteme – Hardwareaufbau und Ablaufsteuerung eines Mehrprozessorsteuersystems, 115 S., 1982

41 A. Schimmele, Rechnerunterstützter Entwurf von Funktionssteuerungen für Fertigungseinrichtungen, 106 S., 1982

42 M. Sanzenbacher, NC-gerechte Beschreibung von Werkstücken mit gekrümmten Flächen, 105 S., 1982

43 W. Walter, Interaktive NC-Programmierung von Werkstücken mit gekrümmten Flächen, 112 S., 1982

44 J. Huan, Bahnregelung zur Bahnerzeugung an numerisch gesteuerten Werkzeugmaschinen, 95 S., 1982

45 H. Erne, Taktile Sensorführung für Handhabungseinrichtungen – Systematik und Auslegung der Steuerungen, 111 S., 1982

46 D. Plasch, Numerische Steuersysteme – Standardisierte Softwareschnittstellen in Mehrprozessor-Steuersystemen, 112 S., 1983

47 Z. L. Wang, NC-Programmierung – Maschinennaher Einsatz von fertigungstechnisch orientierten Programmiersystemen, 103 S., 1983

48 J. Schwager, Diagnose steuerungsexterner Fehler an Fertigungseinrichtungen, 121 S., 1983

49 P. Klemm, Strukturierung von flexiblen Bediensystemen für numerische Steuerungen, 113 S., 1984

50 W. Runge, Simulation des dynamischen Verhaltens elektrohydraulischer Schaltungen – Einsatz von geräteorientierten, universellen Simulationsbausteinen, 132 S., 1984

51 H. Steinhilber, Planung und Realisierung von Werkzeugversorgungssystemen für die NC-Bearbeitung, 126 S., 1984

52 R. Ohnheiser, Integrierte Erstellung numerischer Steuerdaten für flexible Fertigungssysteme, 115 S., 1984

53 M. Keppeler, Führungsgrößenerzeugung für numerisch bahngesteuerte Industrieroboter, 125 S., 1984

54 P. Kohler, Automatisiertes Messen mit NC-Werkzeugmaschinen, 129 S., 1985

55 K.-H. Rieger, Rechnerunterstützte Projektierung der Hardware und Software von Speicherprogrammierten Steuerungen, 123 S., 1985

56 G. Vogt, Digitale Regelung von Asynchronmotoren für numerisch gesteuerte Fertigungseinrichtungen, 126 S., 1985

57 S. Chmielnicki, Flexible Fertigungssysteme – Simulation der Prozesse als Hilfsmittel zur Planung und zum Test von Steuerprogrammen, 120 S., 1985

58 W. Renn, Struktur und Aufbau prozeßnaher Steuergeräte zur Verkettung in flexiblen Fertigungssystemen, 137 S., 1986

59 K. Harig, Quantisierung im Lageregelkreis numerisch gesteuerter Fertigungseinrichtungen, 113 S., 1986

60 H. Frank, Programmier- und Überwachungsfunktionen für teileartbezogene NC-Werkzeugmaschinen, 115 S., 1986

61 H. Möller, Integrierte Überwachungs- und Diagnose-Systeme für numerische Steuerungen, 131 S., 1986

62 H. Fink, Einsatz speicherprogrammierbarer Steuerungen in der Fertigungstechnik, 126 S., 1986

63 J. Fleckenstein, Zustandsgraphen für SPS – Grafikunterstützte Programmierung und steuerungsunabhängige Darstellung, 139 S., 1987

64 E. Wagner, Steuerungen von Koordinatenmeßgeräten mit schaltenden und messenden Tastsystemen, 133 S., 1987

65 W. Grimm, Diagnosesystem für steuerungsperiphere Fehler an Fertigungseinrichtungen, 143 S., 1987

66 W. Swoboda, Digitale Lageregelung für Maschinen mit schwach gedämpften schwingungsfähigen Bewegungsachsen, 141 S., 1987

67 G. Gruhler, Sensorgeführte Programmierung bahngesteuerter Industrieroboter, 119 S., 1987

68 B. Walker, Konfigurierbarer Funktionsblock Geometriedatenverarbeitung für numerische Steuerungen, 125 S., 1987

69 J. Mayer, Werkzeugorganisation für flexible Fertigungszellen und -systeme, 126 S., 1988

70 R. Lederer, Programmierung von NC-Drehmaschinen mit mehreren Werkzeugschlitten, 120 S., 1988

71 G. Häberle, NC-Musterprogrammierung für die rechnerintegrierte Textilfertigung, 127 S., 1988

72 D. Pfeiffer, Kompensation thermisch bedingter Bearbeitungsfehler durch prozeßnahe Qualitätsregelung, 135 S., 1988

73 W. Schmidt, Grafikunterstütztes Simulationssystem für komplexe Bearbeitungsvorgänge in numerischen Steuerungen, 141 S., 1988

74 M. Egner, Hochdynamische Lageregelung mit elektrohydraulischen Antrieben, 147 S., 1988

75 W. Schittenhelm, Konfigurierbares Bedienungssystem für Steuerungen an Fertigungs-einrichtungen, 136 S., 1988

76 D. Scheifele, Grafisch dynamische Simulation des Bearbeitungsvorgangs für Doppelschlittendrehmaschinen, 121 S., 1988

77 G. Keuper, Automatisierte Identifikation der Streckenparameter servohydraulischer Vorschubantriebe, 152 S., 1989

78 K.-H. Kayser, Kollisionserkennung in numerischen Steuerungen mit der Distanz-feldmethode, 131 S., 1989

79 R. Viefhaus, Fräsergeometriekorrektur in Numerischen Steuerungen für das fünfachsige Fräsen, 157 S., 1989

80 J. Zirbs, Fertigungsgerechte Aufbereitung von Flächenverbänden bei der NC-Programmierung im Formenbau, 130 S., 1989

81 W. Ruoff, Optische Sensorsysteme zur On-line-Führung von Industrierobotern, 123 S., 1989

82 M. Jantzer, Bahnverhalten und Regelung fahrerloser Transportsysteme ohne Spurbindung, 131 S., 1990

83 H. Schumacher, Einheitliche Programmierung von Automatisierungskomponenten roboterbestückter Bearbeitungs- und Montagezellen, 116 S., 1991

84 J. Schimonyi, NC-Programmierung für das Werkzeugschleifen, 122 S., 1991

85 K.-H. Wurst, Flexible Robotersysteme – Konzeption und Realisierung modularer Roboterkomponenten, 164 S., 1991

86 R. Hagl, Erhöhung der Verfügbarkeit von Vorschubantrieben mit selbstanpassender Lageregelung, 126 S., 1991

87 G. Krebser, Betriebssystem für NC mit einheitlichen Schnittstellen, 130 S., 1992

88 W.-T. Lei, Flächenorientierte Steuerdatenaufbereitung für das fünfachsige Fräsen, 134 S., 1992

89 G. Diehl, Steuerungsperipheres Diagnosesystem für Fertigungseinrichtungen auf Basis überwachungsgerechter Komponenten, 140 S., 1992

90 U. Nepustil, Offene NC-Schnittstellen zur Korrektur von Fertigungsfehlern, 133 S., 1992

91 M. Bauder, Konfigurierbare Robotersteuerung mit allgemeiner Transformation, 120 S., 1992

92 W. Philipp, Regelung mechanisch steifer Direktantriebe für Werkzeugmaschinen, 118 S., 1992

93 G. M. Härdtner, Wissensstrukturierung in Diagnoseexpertensystemen für Fertigungs-einrichtungen, 135 S., 1992

94 H. Wiedmann, Objektorientierte Wissensrepräsentation für die modellbasierte Diagnose an Fertigungseinrichtungen, 151 S., 1993

95 H. Rudloff, Hochgenaue Konturerzeugung bei Bewegungsachsen mit einer dominanten mechanischen Resonanzstelle, 151 S., 1993

96 K. Brantner, Adaptierbares Leitsteuerungssystem für flexible Produktionssysteme, 142 S., 1993

97 W. Kugler, Kommunikationsmechanismen für offene Numerische Steuerungssysteme, 136 S., 1994

98 B. Schnurr, Elektrodynamisches Antriebssystem zur Unrundbearbeitung 175 S., 1994

99 J. Schneider, Fehlerreaktion mit Speicherprogrammierbaren Steuerungen – ein Beitrag zur Fehlertoleranz, 117 S., 1994

100 U. Siewert, Systematische Erstellung adaptierbarer Leitsteuerungssoftware am Beispiel der Durchsetzungsplanung, 155 S., 1994

101 G. F. J. Heger, Maschinenferner Qualitätsregelkreis in flexiblen Fertigungssystemen, 134 S., 1994

102 W. Hofmeister, Objektorientiert strukturiertes Programmiersystem für NC-Mehrschlitten-maschinen, 113 S., 1994

103 A. Horn, Optische Sensorik zur Bahnführung von Industrierobotern mit hohen Bahn-geschwindigkeiten, 132 S., 1994

104 U. Rentschler, Fehlertolerantes Präzisionsfügen, 128 S., 1995

105 G. Junghans, Modulares grafikunterstütztes Simulationssystem für Bearbeitungs- und Handhabungsvorgänge, 145 S., 1995